自動車産業の技術アウトソーシング戦略

現場視点によるアプローチ

太田 信義 =著

水曜社

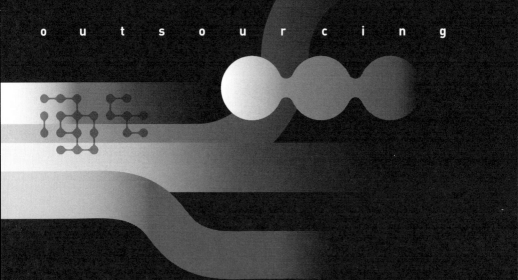

自動車産業の技術アウトソーシング戦略

まえがき

　近年、マスコミなどでは、技術や市場が大きく変化する現在の社会情勢を受けて「日本のものづくり力」を不安視する声が聞かれる。
　しかし、「日本のものづくり力」は決して弱まっていない。また「ものづくり」の本質は変わらない。環境変化への対応は、この「ものづくり」の本質の継続が基本である。技術・市場などの競争環境を冷静に見極め、ものの見方・考え方などを変えていく必要がある。そのことを社会に提言したい。
　本書は、そのような思いから執筆したものである。
　「日本のものづくり」の良さは、今改めて世界で注目されている。日本経済新聞社が独自で調査・発表している「主要商品・サービスシェア調査」2014年版50品目によれば、日本企業は9品目で首位であった。東レの炭素繊維や産業用ロボットのファナックなど、素材や部品そして企業向けビジネスでの活躍が光る。
　また、大消費市場である中国からの訪日中国人観光客による日本商品の「爆買」が大きく報道されているが、その消費行動における購入重視点は、「安全・安心」「コストパフォーマンスの良さ」にあると博報堂の研究（博報堂広報室News 2015.7.10）は報告している。つまり、中国人消費者の購買行動の基本は、日本を含む他の国々と全く同一であり、賢い消費者の基本思想・行動は万国共通であることが見えてくる。
　さらに、近年の技術変化の速度とその急激さには目をみはるものがある。小学生までが持ち歩くGPS機能付きのスマートフォンの普及、5,000万画素数を超えるデジタルカメラの登場、電子書籍の流通など、が日常生活でのごく身近な光景となっている。「もの」が大きく、驚異的に変化しているのである。また、市場の要求は世界中全ての地域で異なる。気候、消費者の嗜好、風習・生活習慣などがそれぞれ異なるからである。市場は大きく変化し、多様化が進んでいるのである。この変化は、経営学の視点からは業務の多様化であり、組織的対応が非常に重要な経営課題となる。

筆者は、40数年にわたり「ものづくり」企業の第一線で設計者として活動してきた。設計者人生を退いた後は、社会人大学院（博士前・後期課程）にて経済学・経営学を学んだ。実務経験をもとに現場を調査・分析し、理論化・体系化して学術的にまとめ上げた。

　本書は、日本のものづくりを牽引している自動車産業における技術戦略、なかでも多様化・複雑化する技術の変革に注目し、外部の専門企業への委託を通して外部資源を活用する技術アウトソーシング戦略に焦点をあてたものである。「日本のものづくり」のために、いささかでも貢献できればこれに勝る喜びはない。

目次

まえがき

序章　自動車産業の国際競争力強化に向けて
　　　　── 技術アウトソーシングの活用

1. 現状への課題認識 ………… 13
2. 「日本のものづくり」の良さへの注目 ………… 14
3. 自動車の産業構造と技術の特徴 ………… 15
4. 技術アウトソーシングの活用状況 ………… 17
5. アウトソーシング活用における役割分担と設計知識の関連 ………… 19
6. さらなる活用への具体的政策提言 ………… 20

1章　自動車産業の構造および技術の特徴

1. はじめに ………… 23
2. 自動車の現状 ………… 23
　　2.1　世界での位置─保有・生産台数・輸送力など ………… 24
　　2.2　日本での位置─就業人口、輸出競争力など ………… 27
3. 自動車産業の構造とその特徴 ………… 28
　　3.1　ヒエラルキーな産業構造 ………… 28
　　3.2　車両全体と各部品の関係 ………… 29
4. 自動車における技術とその特徴 ………… 31
　　4.1　安全・環境・快適技術の進化 ………… 31
　　4.2　技術アウトソーシングの活用とその状況 ………… 34
5. おわりに ………… 35

2章　アウトソーシングへのアプローチ

1. はじめに ……………… 37
2. 現状認識 ……………… 37
3. アウトソーシングの定義、その変化 ……………… 39
   3.1 アウトソーシングの語源と一般的理解 ……………… 39
   3.2 アウトソーシングの定義とその変化 ……………… 40
   3.3 サービス分野と提供形態 ……………… 41
4. 技術領域におけるアウトソーシングの捉え方 ……………… 43
   4.1 技術の捉え方 ……………… 43
   4.2 ISと技術の層別――サービス分野別の視点 ……………… 44
   4.3 技術領域におけるアウトソーシングの定義 ……………… 46
   4.4 ものづくりにおける技術業務の流れ ……………… 48
5. おわりに ……………… 50

3章　アウトソーシング論の到達点と課題

1. はじめに ……………… 51
2. 先行研究の到達点と課題 ……………… 51
   2.1 先行研究の分析視点 ……………… 51
   2.2 形成論的アプローチ ……………… 52
   2.3 プロセス論的アプローチ ……………… 56
   2.4 到達点と課題 ……………… 61
3. おわりに ……………… 63

4章　技術アウトソーシングの活かし方と課題

1. はじめに ……………… 64
2. アウトソーシング業界の枠組み ……………… 64
3. 技術領域での仮説の設定とその検証 ……………… 66
   3.1 調査・分析の視点 ……………… 66
   3.2 仮説の設定 ……………… 67

4. 調査の概要と結果に基づく仮説の検証 …………… 69
 4.1 調査の概要 …………… 69
 4.2 調査結果と仮説の検証 …………… 69
5. おわりに …………… 74

5章　自動車産業での活かし方

1. はじめに …………… 80
2. グループ内技術アウトソーシング企業の活用状況 …………… 81
 2.1 調査の考え方と方法 …………… 81
 2.2 調査結果 …………… 82
3. 独立資本技術アウトソーシング企業の活用状況 …………… 85
 3.1 トップ・インタビューからの経営および事業内容 …………… 85
 3.2 その特徴——各社ホームページからの調査・分析 …………… 88
4. 実務管理者へのインタビュー——「まとめ委託」を主体にして …………… 89
 4.1 調査の概要 …………… 90
 4.2 調査の結果 …………… 92
5. おわりに …………… 96

6章　技術アウトソーシングの構造、その特徴
　　　——グループ系企業と独立資本系企業の違いの視点

1. はじめに …………… 102
2. 技術アウトソーシングの特徴 …………… 103
3. ヒエラルキー構造 …………… 105
 3.1 その構造と役割分担 …………… 105
 3.2 需要変動への対応のしくみ …………… 107
4. 段階的企業設立の背景 …………… 108
 4.1 独立資本技術アウトソーシング企業の設立——1960年代 …………… 108
 4.2 自動車産業内でのメーカーによる
   グループ企業設立の第一段階——1980年前後 …………… 109
 4.3 自動車産業内でのメーカーによるグループ企業設立の第二段階
   ——1995年前後 …………… 112

5. 技術アウトソーシング企業の役割
　　　――「設計補助」と「設計分担」の違いの視点 …………… 114
6. おわりに ………………… 116

7章　設計にみる知識のダイナミズム

1. はじめに ………………… 118
2. 設計における暗黙知の重要性 ……………… 118
3. 設計とはなにか ……………… 119
　　3.1　設計プロセスと主な活動 ……………… 120
　　3.2　設計活動と知識 ……………… 123
　　3.3　設計の定義 ……………… 125
4. 設計プロセスと暗黙知の活用 ……………… 126
　　4.1　「暗黙知の活用度合」概念の導入 ……………… 127
　　4.2　各設計プロセスにおける「暗黙知の活用度合」の変化 ……………… 127
　　4.3　設計の技術新規度・変更度による暗黙知の活用度合の変化 ……………… 131
5. 設計知識の継承と技術アウトソーシング企業 ……………… 133
　　5.1　設計知識のドキュメントによる体系化――日本と西欧との比較視点 ……… 134
　　5.2　設計知識の継承 ……………… 136
6. 設計知識保有レベルの違い――委託元と委託先との比較 ……………… 139
7. おわりに ………………… 140

8章　3次元CADによる設計革命とそのインパクト

1. はじめに ………………… 142
2. 設計の3次元化とは何か ……………… 143
　　2.1　設計と図面 ……………… 143
　　2.2　2次元CADとは ……………… 144
　　2.3　3次元CADとは ……………… 145
3. 3次元CADの効果 ……………… 146
　　3.1　生産準備への活用 ……………… 146
　　3.2　設計プロセスでの工学的解析への活用 ……………… 146
　　3.3　2次元CADと3次元CADの効果の違い ……………… 147

3.4　3次元CADによる業務のフロント・ローディング …………… 149
 4. 3次元CADの効果と設計プロセスの変化 …………… 150
  4.1　3次元CADの導入状況 …………… 150
  4.2　3次元CADの具体的効果とその影響 …………… 152
  4.3　フロント・ローディングの期待と実際 …………… 154
 5. 3次元CADの導入と技術アウトソーシングの変化 …………… 155
  5.1　3次元CADでの設計の流れと技術アウトソーシングの業務分担 …………… 156
  5.2　欧米発3次元CADの日本での適合性 …………… 158
  5.3　3次元CADによる製品設計の現状 …………… 159
 6. 3次元CAD活用の日本型フロンティア …………… 160
 7.「日本型フロンティア」の更なる展開──「まとめ委託の促進」 …………… 162
 8. おわりに …………… 163

9章　「まとめ委託」の促進・拡大

1. はじめに …………… 165
2. 基本的考え方──アウトソーシングの役割 …………… 166
3.「まとめ委託」の促進 …………… 167
4. 国内外における技術者有効活用の仕組みつくり・運用 …………… 168
5. 暗黙知から形式知への転換促進 …………… 169
6. リスクへの対応 …………… 171
7. 今後の課題──「待ち・受け身」姿勢からの脱却 …………… 172
8. おわりに …………… 173

終章　技術アウトソーシングを活かした競争力強化

1. 経営変革へのまなざし …………… 174
2. 技術自前主義からの脱却 …………… 175
3. 自動車産業における技術アウトソーシング活用の特徴 …………… 175
4. 技術アウトソーシングの役割と課題 …………… 177

付属資料一覧 ……………………………………………………………………… 180

1.「技術系（情報システムを除く）業務における
　業務アウトソーシングに関する調査票」……………… 180
2. 実務管理技術者への
　「製品設計業務のアウトソーシングに関する質問」……………… 189

参考文献一覧 ……………………………………………………………………… 193

省略表示した英語の一覧表 ……………………………………………………… 197

あとがき ……………… 198

索引 ……………… 202

序章

自動車産業の国際競争力強化に向けて
―― 技術アウトソーシングの活用

1. 現状への課題認識

　現在の日本のものづくりを牽引しているのは自動車産業である。本書は、その自動車産業における技術戦略、なかでも外部の専門企業への委託を通して外部資源を活用する技術アウトソーシング戦略について政策提言するものである。そして、その提言は自動車関連部品での筆者の長い設計人生からの現場経験に基づいた問題提起、そして学術的な理論化・体系化により解決への道筋を示すものである。

　「ものづくり」に強みを持つといわれてきた日本の競争力であるが、電子・電気関連製品においては近年では輸出競争力にやや翳りが見え始めている。そのような状況のもと、現在の中国を含む東南アジア市場の消費拡大、国際競争の激化、デジタル化・システム化などに代表される技術の急激な変化、消費者嗜好の多様化などに対応していくためには、時間軸が非常に重要な要素となっている。自社のコア分野であっても、製品企画・開発・設計から生産までの全てを内製化したのでは、開発速度など時間競争で負けてしまうといったリスクが高まっている。とくに、製品設計・開発、生産技術などの技術領域の業務は、「ものづくり」の競争力に直接かかわり、その主要部分を構成している。このような背景をふまえ、日本企業の特徴の1つとも言われる関連企業を含めた自社グループ内で開発・保有する技術で変化に対応する自前主義は限界を迎えている、と考える。

本書は、輸出立国日本の屋台骨を支え、高い国際競争力を保持する基幹産業としての日本の自動車産業の製品設計・開発、生産技術などの技術領域の業務に照準を定める。そして、筆者が行った設計現場の現地調査・分析から、アウトソーシング利用企業の競争力向上に資するアウトソーシングとはどのようなものかを明らかにする。

　さらにリスク・マネジメントの視点から、アウトソーシングの課題として指摘されることの多い機密保持のあり方についても、その仕組みに関する重点的な現状調査・分析をふまえ提言を行う。

2.「日本のものづくり」の良さへの注目

　「日本のものづくり」の良さが、改めて世界で注目されている。日本経済新聞社が独自で調査・発表している「主要商品・サービスシェア調査」2014年版50品目によれば、日本企業は9品目で首位であった。東レの炭素繊維や産業用ロボットのファナックなど、素材や部品そして企業向けビジネスでの活躍が光る（日本経済新聞社2015.7.25朝刊記事）。

　いっぽう、大消費市場である中国に注目すると、訪日中国人観光客の驚異的増加そして、その人達による日本での日本商品の「爆買」が大きく報道されている。その消費行動の特徴について博報堂の研究（博報堂広報室 News 2015.7）は次のように報告している。

　アンケート調査によれば、①消費額は20万円～40万円、②買い物リストは訪日前に作成、③購入重視点は「安全・安心（54.2％）」「コストパフォーマンスの良さ（47.9％）」「リーズナブルな価格（46.5％）」、である。つまり、この報告からは中国人消費者の購買行動の基本は、③購入重視点に端的に表れているように、安全・安心を第一に、品質の良さ、を購入することと考えられる。日本を含む他の国々と全く同一である。賢い消費者の基本思想・行動であり、これは万国共通であることが見えてくる。

　さらに目を転じて、現在の技術の粋を集め、大量生産の代表であり、また高額商品である自動車の中国販売市場状況をみてみる。中国における四輪車

販売台数は2,198万台（2013年度）とアメリカを大きく上回り、今や世界一位である。その中国市場での2015年度上半期の販売台数は中国経済の減速感を反映して全体として伸び悩んでいるが、日本車の販売台数は各社とも昨年同期比で+10％前後と好調さが顕著である。そして、その背景を日本車の良さ、つまり「品質の良さ」にユーザーが気付き、購買行動につながっている、と分析する報道が多くみられる。

このように「日本のものづくり」の強みを代表する「品質の良さ」は「ものづくり」の本質であり、今改めて世界でそして大消費市場の中国でも見直されていると考えられる。しかし、この品質の良さが日本のものづくりを代表する言葉になったのは1960年代後半からと一般的には言われている。この時代の前後から「ものづくり」の現場である製品設計・製造などにおいては、「品質第一」を基本方針として、足が地についた活動を展開する企業が急激に増加していった。アメリカ発祥と言われる統計的品質管理の手法を製造現場に取り入れ、小集団活動であるQCサークルが多くの企業で導入され、その後のTQC、TQM活動へとつながり「日本のものづくり」の強みを確固たるものにしたのである。

3. 自動車の産業構造と技術の特徴

前記の課題認識のもと、「日本のものづくり」の良さ・強さの代表製品とされている自動車産業における製品設計・開発・生産技術などの技術領域の業務に照準を合わせ、設計現場の現地調査・分析を行っていく。まず、「着眼大局、着手小局」の考え方に則り、世界の視点、そして日本全体の視点から改めて自動車の産業構造・技術の特徴について見つめ直し、その現状と特徴を整理していく。

とくに、輸送機関としての自動車の位置付け・特徴を、「輸送機関別国内輸送量の推移」統計により、主要国別に鉄道・船舶・航空など他の輸送機関と比較・分析していく。さらに、保有率・生産台数など世界における産業としての自動車を位置付ける諸指標についてもみていく。また輸出競争力、就業人

口、設備投資額・研究開発費などにより産業としての日本における位置付けをみていく。そして、産業界全体への波及効果の大きさが自動車産業の特徴の1つであることを明らかにしていく。

　自動車は、総部品点数が数万点を超える数多くの部品で構成されるシステム製品である。自動車進化の歴史は、「走る」「曲がる」「止まる」の基本機能向上を基本として、さらにより高い安全性を実現し、環境負荷が少なく、快適で便利な乗り物として、日々進歩を続けてきた（JAMA（一般社団法人「日本自動車工業会」）「日本の自動車技術」より）。技術革新の視点からは、金属加工からマイコンによる電子化、さらにはソフト制御、燃料電池やLi電池などの近未来技術の開発が、企業競争の要である。なかでも、「自動運転車」に代表される、大規模なシステム化、ネットワーク化の進展が注目される。

　つまり、ハードとしての自動車があり、そこに車載各種システムや通信機器などが搭載され車外のデータやサービスとネットワーク化され利用・活用の方法や範囲が大きく広がっていくことにつながっていくのである。これは、技術経営の視点からは車のネットワーク化・技術の多層化・技術のオープン化の進展と捉えることができる。

　この流れは、従来の車として閉じた世界での技術開発・技術進展への対応や考え方からの大きな方針変換を迫るものであり、自動車産業における重要課題として位置付けられる。過去に日本の電子家電業界が国際市場競争力を失ったのは、この流れへの対応を誤ったことが原因の一つであることは、多くの研究者が述べている。つまり、独自技術の開発と自社に収益をもたらすビジネス以外は他に提供する補完プレイヤーに任せる、いわゆるオープン化の検討である（根来龍之2014.9.19）。この相反する2つの課題への対応が、自動車産業においても直近の重要課題として迫っている。

　このような流れをふまえる形で、トヨタ自動車は2013年3月に車種を超えて自動車部品の設計を世界的に共通化することを狙いとした「車づくり」革命を進める開発手法を公表した。名付けて「TNGA」（トヨタ・ニュー・グローバル・アーキテクチャ）である。

　TNAGは、開発手法の変革にほかならず、競争のポイントをも大きく変えていくとみられる。自動車は、擦り合わせ技術の代表製品と言われてきた。

技術の擦り合わせとは、各社・各車種・各設計者それぞれが内に保有する暗黙知を擦り合わせて部分ベスト解を創り出すことであり、それが商品競争力の源泉であることを意味していた。

しかし、次世代における競争のポイントは、共通部品の設計コンセプトや共通部品と個別部品との領域層別の考え方など、基本コンセプトそのものへと移っていく。言葉を変えれば、部分ベスト解から全体ベター解の創出そして展開へと変化していく。つまり、この部品設計共通化競争の世界においては、今まで各技術者や各職場で個別に内在されていた知識・情報、いわばそれら「暗黙知」の「見える化」が必要不可欠となるのである。具体的には、内なる暗黙知の表出、整理・層別そして工学的検証を加えたうえでの体系化である。これまで日本企業が不得意としていた領域の重要性が格段に増していくのである。

したがって、製品開発の上流工程である企画・基本工程への新たな重点的な人的資源投入や設計知識の形式知化が経営上の重要課題となり、本書の主張と結びついていくのである。

以上より、自動車産業において、世界市場での競争に生き残るためには、技術の視点からも、販売戦略からも、多くの技術分野での創造性・先進性・革新性などの課題解決が必要である。したがって、アウトソーシングを含めて技術的な内外資源の活用が大きな課題であり、多面的な資源活用策が実行されている背景を明らかにしていく。

4．技術アウトソーシングの活用状況

自動車産業界では、社内外を含めた多面的な資源活用策の1つとして、自動車メーカー・主要自動車部品メーカーにおいて、グループ内子会社に業務を委託する技術アウトソーシングが活用されている。この自動車産業界での技術アウトソーシングの活用状況は他産業を含めた産業界全体からの視点ではどのように位置づけられるのだろうか。

本書のテーマにおいては非常に重要な課題と考え、筆者は東海7県に本社

を構える東証一部・二部に上場する企業を対象に独自のアンケート調査を実施した。なお、一般的に多くの企業ではIS（Information System：情報システム）構築のために外部委託、すなわち技術アウトソーシングが実施されていることは良く知られている。そこで、上記のアンケート調査ではISでのアウトソーシング活用状況も同時に調査し、ISとの比較により技術アウトソーシングの位置付けを明確にしている。

これに加えて、自動車産業における技術アウトソーシングの活用戦略を調査・分析するにあたり、アウトソーシングの一般的理解や語源などについても調査の範囲を広げた。その背景は、近年アウソーシングという言葉は広く一般的に使われるようになり、さまざまな形でアウトソーシングに関わる人々も増加傾向にある。しかし、その一方でアウトソーシングという言葉が勝手に独り歩きしており、ケース・バイ・ケースで、それぞれについて定義されている場合が多く、一義的に定義されていないのが現状だからである。

自動車産業における技術アウトソーシングにおいての委託業務は、3次元CADとその関連業務であるCAE解析、3次元CAD教育、さらに組込みソフト関連業務が主体である。さらに、車輌単位や製品単位での一連のプロセスを委託する「まとめ委託」がグループ内子会社を中心にして実施されている。ただし、グループ内子会社と共に技術アウトソーシングを担う独立系技術アウトソーシング会社は設計補助的な業務である「部分委託」が中心である。そして、この委託する業務の違いは、業務を遂行する「業務役割」の視点からは、「部分委託」は「設計補助」であり、「まとめ委託」は実質的な「業務分担」と考えられることを明らかにした。

また、別途実施した業務委託・受託を現場で直接管理している実務管理者へのインタビュー調査の結果によれば、推進中の「まとめ委託」の評価は非常に高いものであり、回答者の全員が、「まとめ委託」の領域拡大に賛成の見解であった。

5. アウトソーシング活用における役割分担と設計知識の関連

　設計は、自然界には存在しない人工物を具現化するという人間のきわめて創造的な行為であり、設計を担う設計知は、人から人への伝達が難しい暗黙知が主体をなしている。すなわち、設計に関わる暗黙知は、過去にその設計活動を経験した人間が個人の知識として保有しており、その継承には、本人の移動や、積極的継承活動の展開が必要な条件となる。それゆえ、「まとめ委託」を担うのはグループ内企業に限定され、独立資本企業ではその仕組みの構築が難しく「部分委託」を余儀なくされているとみられる。

　このように設計現場での技術アウトソーシングにおいては、企業の階層的な違いにより役割の違いが発生するが、その要因について、設計プロセスや主な設計活動および各企業が保有する設計知識にまでふみこんでの検証を行った。

　先に述べたように、設計を担う設計知は人から人への伝達が難しい暗黙知が主体をなしている。しかし設計の全工程にわたって暗黙知を活用する度合が高いわけではない。設計の各ステップにおける、かなり多くの局面で論理的に、したがって形式化されたプロセスのもとに設計解が得られる場合も多いと考えられる。筆者の長い設計実務経験からの偽らざる感覚である。

　そこで、独自の分析視点として「設計プロセスと暗黙知活用度合の関連性」に着目し、仮説を設定して、実際の設計業務に従事している設計実務管理者への質問調査により、その妥当性を明らかにした。この暗黙知活用度合と設計プロセスとの関連性に焦点をあてる研究視点とその検証は、先行研究には見当たらず、筆者独自の視点と考えられる。

　また、設計現場における設計活動の各プロセスにおいては近年デジタル情報技術を駆使した3次元化が進み、各メーカーの設計技術者や多くの技術アウトソーシング企業の技術者が取り扱う設計ツールは、3次元CAD（Computer Aided Design：コンピュータ支援設計）となっている。この3次元CADに焦点をあて、その機能やインパクトについて考察した。

　その中から浮かび上がってきたのは、3次元CADへのデータ入力および

CAE（Computer Aided Engineering：コンピュータ支援解析）などの関連業務を主体にして、グループ内技術アウトソーシング企業が業務領域を拡大しているという点である。とくに、グループ内技術アウトソーシング企業に特徴的にみられる、基本設計から詳細設計までの一連の「まとめ委託」の役割分担の仕組みは注目される。この仕組みは、委託元企業とアウトソーシング企業間の技術者による協調体制を構築しており、委託元企業の人的資源の重点領域への転換活用を可能としている。したがって、今後の委託元企業の企業競争力強化に大きく貢献していく仕組みであると考えられる。

いっぽう、3次元CADの導入は設計に関わる組織・役割の多層化をもたらしている。そうした中、日本企業における製品開発の特徴の1つである情報とノウハウの擦り合わせ、すなわちCAD作業における製品との格闘・対話から生じる設計者の「ひらめき」「気づき」などをいかに各層へ確実に伝達し反映させていくか、が今後ますます重要になると考えられる。つまり、車輌メーカーおよび自動車部品メーカーそしてグループ内技術アウトソーシング企業において、暗黙知の形式知化を主体にした暗黙知の修得・継承の仕組み作りと実行が、今後の重要施策となってくると考えられる。

また、この「暗黙知の形式知化」の考え方は、先の3節に述べたように、トヨタ自動車が進めている「TNGA」など、自動車部品設計の世界的共通化の動きへ対応していくための必要条件として、その重要度が大きく増していくと考えられる。

6. さらなる活用への具体的政策提言

技術アウトソーシング企業の今後の役割と課題について考察した。そして、「設計補助」から「設計分担」に向けての役割転換を提案した。「「まとめ委託」の促進」、「国内外における技術者有効活用の仕組みつくり・運用」、「暗黙知から形式知への転換促進」の3つの役割である。さらに、「待ち・受け身」からの脱却が、技術アウトソーシング企業の最重要課題である、と指摘した。

その中でもグループ内アウトソーシング企業は、設計・開発業務における「暗

黙知から形式知への転換促進」を推進する担い手の中心組織としてグループ企業の中での自身の役割を認識し、可及的速やかに実行するべきであると提言している。その背景は、グループ内技術アウトソーシング企業は、親企業からの日常の業務委託を通して暗黙知の形式知化を組織の固有技術として経験・保持している企業だからである。

　自動車産業においては海外生産移管拡大、それにともなう海外現地での車輛開発・設計の展開が進む中、国内で現在展開されている技術開発体制を、海外でどう展開していくかが、非常に重要な課題の1つとして浮上してきている。それは、日本においては各技術者の持つ暗黙知の擦り合わせが多くの課題解決につながり、設計・製造技術力を生み出してきていることが、背景として考えられる。また、日本の製造業が設計・製造技術を競争力の源泉とし得た仕組みは、技術者間の年代や部門間を跨いだスキンシップ・ネットワークに他ならないからである。つまり、文化・風習の異なる海外展開においては、暗黙知の形式知化が必要であり、その実現が非常に重要な課題として浮上してくるのである。

　このことからグループ内アウトソーシング企業は、先に述べた「暗黙知から形式知への転換促進」を推進する中心組織としての役割を担うべきであると考えるのである。

　いっぽう、日本では一般企業においては暗黙知の形式知化はコア技術流出のリスクを拡大させる、との考え方が根強い。一般論として、このリスク拡大の捉え方は間違いではないと考える。しかし、暗黙知を暗黙知のままで人から人への伝承に委ね続けることは、先に述べたように製造そして設計・開発の海外現地化などグローバル化の推進と逆行するものである。したがって、暗黙知の形式知化により、製品に関わる設計・製造などの関連技術を「見える化」する。さらに「見える化」された関連技術を充分に検討・議論することにより、「守るべき技術」を明確にして整理する（渡邉政嘉2011）との考え方を採用すべきではないだろうか。

　そして、技術の「見える化」をノウハウ保護の基本的方針として、「暗黙知の形式知化への転換促進」を技術アウトソーシング企業が主体で業務として進めることが重要である。

以上に述べてきた技術アウトソーシング活用戦略に関する役割・課題の認識は、委託元企業の競争力強化につながり、ひいては日本の「ものづくり」産業の競争力強化に結びつくにちがいないと考える。

1章

自動車産業の構造および特徴

1. はじめに

　自動車は便利な移動手段として、また、どこにでも早く物資を届ける輸送手段として、我々に非常に身近な日常生活に欠かせない存在となっている。また、自動車の利便性・有用性などの機能的価値は先進国においても発展途上国においても認識され、市場は全世界に広まっている。そして、日本の自動車産業は、激しい国際市場競争の中で、今や「ものづくり」日本を支える屋台骨の産業として、その存在感が一段と強まっている。1章においては、自動車、および自動車産業について、保有率や生産台数さらには産業構造、技術の進化などの視点から、その位置付けや特徴をみていく。

2. 自動車の現状

　自動車の歴史をひもといてみると、現在主流となっているガソリン自動車は、それまでの馬車に代わる新しい乗り物として、カール・ベンツにより約130年前の1886年にドイツで、3輪車として開発されたと考えられている。日本では明治20年で、当時の移動は徒歩が主流であり、都市交通手段としては江戸時代の駕籠に代わって人力車が最初に登場し、続いて明治15年（1882年）に馬車鉄道が登場した時代である。

その時代に開発された自動車は、今や保有台数が全世界で11億万台を突破し、多方面で重要な役割を担い活躍している。その自動車を設計・製造・販売している自動車産業について、その現状を世界そして日本について各視点からみていく。

2.1 世界での位置 ── 保有・生産台数・輸送力など

[保有]

　全世界での四輪車の保有台数は、2013年に11億万台の水準にあることは先程述べた。その普及率を国別にみてみると、世界で最も普及しているのはアメリカで、2013年末時点で全四輪車の1台当たり人口では1.3人/台、乗用車では2.6人/台の普及率である。欧米諸国・日本など先進国でも、ほぼ同水準にある。一方、全世界でみた四輪車の1台当たり人口は6.2人/台であり、先進国と開発途上国との差が顕著である（保有台数、普及率など：JAMA（日本自動車工業会）統計資料「クルマと世界」より、2016.1末現在）。

[生産台数]

　次に、この利用目的に対しての需要に対応する世界の自動車産業の生産をみていく。2014年の世界全体の四輪車生産台数は、前年より3.6％増加して8,975万台であり、年々増加している。主要地域別にみると、アジア・大洋州が4,737.2万台（前年比3.4％増）、欧州が2,038.2万台（2.3％増）、北米が1,405.5万台（4.5％増）、アフリカが70.8万台（11.3％増）といずれの地域でも前年を上回ったが、中南米は732万台（5.9％減）と前年より減少している。したがって、具体的に日系自動車メーカーの生産拠点をみていくと、北はロシア、カナダから、南はアルゼンチン、南アフリカまで44カ国と世界の全地域に広がっている（生産台数、日系メーカー海外生産国：JAMA統計資料「クルマと世界」より、2016末現在）。そして、海外生産拠点の広がりに伴い、必然的に海外生産台数が増加し、2014年のトヨタ自動車の生産台数（ダイハツ、日野を除く）では、世界生産台数総計が900.4万台。その内訳は国内生産台数が326.6万台、海外生産台数が573.8万台で、海外生産比率は

63.7％に達している。10年前の2005年では、同じトヨタ自動車の海外生産比率は約49％で約15％増加している。これからも、自動車産業における生産現場の海外移転は確実に進んでいることが明らかである（トヨタ自動車ホームページ[★1]「トヨタの自動車生産台数」より、2016.1末現在）。

[輸送力]

　次に、基本的に移動手段である自動車が各国において、どのように利用されているかを輸送力の視点からみていく。国土交通省が「交通関連統計資料集」において公表している、「主要5カ国における国別の主要交通統計」として「輸送機関別国内輸送量の推移」の中から日本、アメリカ、ドイツを抜粋して輸送機関別国内輸送量の依存率で比較を行う。

　旅客輸送においては、日本は鉄道：82％（JR：51％、民鉄：31％）、自動車：2％（バス：1％、乗用車：0％）、旅客船：1％、飛行機：15％である。アメリカは、鉄道：0％、道路：88％（バス：6％、乗用車：58％、四輪車（トラック除く）：17％）、航空：12％である。ドイツは、鉄道：9％、公共道路交通：6％、自家用車：84％、航空：1％である。

　次に貨物輸送について同様にみていく。日本は、鉄道：9％（JR：9％、民鉄：0％）、自動車：11％、内航海運：80％、航空：0％である。アメリカは、鉄道：39％、トラック：32％、内陸水路／水運：12％、航空：0％、パイプライン：16％である。ドイツは、鉄道：23％、道路（すなわちトラック）：59％、内陸水運：13％、パイプライン：4％、航空：0％である。なお、上記の統計データは日本が2010年、アメリカ、イギリス、ドイツは2009年の統計資料に基づき算出されている。また、各統計数字において0％は実際の輸送量が0であることを意味しているのではなく、全体輸送量に対して0.5％に満たないため、四捨五入により0となっている（**表1-1**）。このデータを自動車視点からみていくと、日本・アメリカ・ドイツの違いが浮かび上がる。旅客輸送では、日本は鉄道が主体であるが、アメリカ・ドイツにおいては逆に圧倒的に車による移動が中心である。

　一方、貨物輸送では、日本は内航海運での輸送を中心にして、内陸部への輸送を車、鉄道が分担した輸送体制であることが分かる。またアメリカ、ドイ

ツにおいてはトラック、鉄道を中心として一部分の領域を内陸水運が分担した輸送体制とみられる。

なお、国による違いについては、次のように捉えることもできよう。旅客輸送では、自動車の普及に伴い鉄道の役割は後退していくが、その影響度は歴史的経緯や人口密度などにより大きく異なる。また新幹線に代表される鉄道の技術革新、さらに貨客輸送におけるコンテナを軸とした輸送システム革新なども、大きく影響しているとみられる（林上、2007）。

また**表1-1**からは、次のような日本の特徴が浮かび上がってくる。大都市圏では、JRの路線網に加えて複数社の私鉄ネットワークが張り巡らされ、毎日の通勤・通学に欠かせない便利な足となっている。また貨物輸送において

表1-1 主要国の輸送機関別輸送量

(1) 旅客（単位：億人キロの統計値からの百分率）

項目　　　　　国	日本（2010年）	アメリカ（2009年）	ドイツ（2009年）
自動車	2% ┌乗用車：0% └バス：1%	88% ┌乗用車：58% │四輪車：17%（トラック除く） └バス：6%	90% ┌自家用車：84%、 └公共道路交通：6%
鉄道	82% ・JR：51% ・民鉄：31%	0%	9%
航空機	15%	12%	1%
内航海運	1%	0%	0%

(2) 貨物（単位：億トンキロの統計値からの百分率）

項目　　　　　国	日本（2010年）	アメリカ（2009年）	ドイツ（2009年）
自動車	11%	32% （トラック：32%）	59%
鉄道	9% ┌JR：9% └民鉄：0%	39%	23%
航空機	0%	0%	0%
内航海運	80%	12%	13%
パイプライン	0%	16%	4%

注）各統計数字における0%は、実際の輸送量が0であることを意味しているのではなく、全体輸送量に対して0.5%に満たないため、四捨五入により0となっている
出典）国土交通省交通関連統計資料集「主要5カ国における国別の主要交通統計資料」2015.7より筆者作成

は、臨海部は（大量輸送に特徴をもつ）船舶輸送に委ね、内陸部は鉄道・自動車が担うという役割分担もみられる。四方を海に囲まれ細長く伸びた国土という日本の特色を生かした、独自の合理的な輸送システムが構築・運用されているとみることができる。

このことより、社会生活・経済活動に必要不可欠な人・物資の輸送に関する輸送機関別の依存度は、地理的要因や歴史的計などを背景にして国別に特徴が異なるが、車が世界において非常に重要な役割を担っていることが改めて確認できる。

2.2 日本での位置——就業人口、輸出競争力など

自動車は、日本を代表する基幹産業であり、この視点から日本での位置づけを、いくつかの切り口でみていく。まず、財務省が発表した2014年の貿易収支は過去最大となる12兆8,161億円の赤字であり、4年続けて輸出額が輸入額を下回った。原発稼働停止に伴う燃料の輸入増加が主要因である。輸出競争力の視点からは、電気機器に回復傾向がみられるが、競争力は衰えている。一方、自動車は約13兆9千億円と前年度に対して約4.5％の黒字増加である。輸出立国日本は「自動車頼み」の側面が一段と強まっていると言える。

さらに、自動車産業では2.1で述べたように製造現場の海外移転が進んでいるが、日本国内での自動車関連産業就業人口は550万人であり、全就業人口の8.7％を占めている（JAMA統計資料「自動車関連産業と就業人口」より，2016.1末現在）。なお、この内訳は、製造部門が80.3万人、材料など資材部門が39.2万人、道路貨物運送業など利用部門が281万人、その他販売・整備部門、関連部門、から構成されている。

次に、他産業への波及効果が大きい設備投資、研究開発の面からの位置付けをみていく。図1-1に主要製造業の2014年度の設備投資額と2013年度の研究開発費を示した。

まず2014年度の設備投資額では、自動車産業は6,217億円で全製造業の設備投資額2兆1,350億円の29.1％であり、先に述べた就業人口比率を大

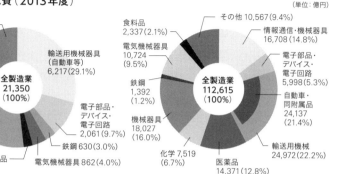

図1-1 主要製造業の設備投資額（2014年度計画額）と研究開発費（2013年度）

出典：JAMA「日本の自動車産業」2016.2.3より筆者作成

きく上回っている。また、2013年度の研究開発費では、自動車・同付属品産業の投資額は2兆4,137億円であり、全製造業11兆2,615億円の21.4％と大きな割合を占めている。その結果として、2013年の自動車製造業製品出荷額などは前年より3.4％増加の51兆9,710億円となり、全製造業の製造品出荷額の17.8％を占めている（JAMA統計資料「日本の自動車産業」より, 2016.1末現在）。

以上述べてきたように、自動車関連産業の日本での位置づけは重要であり、その動向は経済のバロメーターとして非常に注目される。

3. 自動車産業の構造とその特徴

3.1 ヒエラルキーな産業構造

　自動車は、総部品点数[※2]が2～3万点を超えるなど、数多くの部品で構成されるシステム製品である。部品・材料・加工・組み付け・研究などを含めた自動車産業の規模は、非常に大きく、裾野も広大である。また、その構造は、観察の視点により異なってくるが、図1-2にみるように、自動車メーカーを頂

図1-2 自動車産業の構造概略図

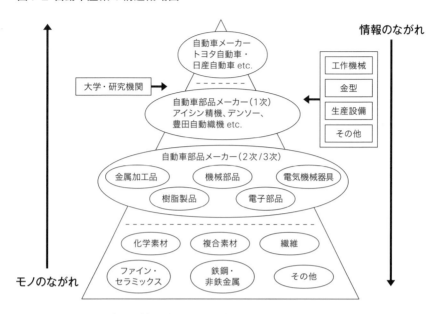

注)矢野経済研究所「自動車産業を取り巻く東海地区の産業構造」を基に筆者作成

点としたピラミッドをなしている。

　自動車メーカーに直接部品を納入する1次部品メーカー、1次部品メーカーにその部品を納入する2次・3次部品メーカー、さらに自動車メーカー、1次・2次・3次部品メーカーに材料などを直接納入する材料メーカーなどの関係が示されている。まさに、典型的なヒエラルキーな産業構造となっている。

3.2 車両全体と各部品の関係

　つぎに視点を変えて、自動車全体における自動車メーカーと各部品メーカーとの関係を、一般的な自動車メーカーの製造工程の概略図として示したのが、**図1-3**である。
　この図で、右端「自動車部品」として示されている、「ラジエター」「メーター」などの部品が、**図1-2**の一次部品メーカーで設計・開発・製造され、自動車

メーカーに納入される。そして図1-3で示した、各自動車メーカーの各工程で組み付けられ、自動車として市場に出荷されているのである。

つまり、図1-3の最初の工程の「プレス」から、「車体」「塗装」「組み立て」へと続く工程、さらにエンジン関連部品の製作、エンジン組み立てなどの工程が、自動車メーカーで行われる加工・組み付け工程の一部である。

以上みてきたように、自動車産業は広範囲な関連産業を持ち、また材料メーカーなど多くの産業と深く関連しながら、日本経済や雇用確保に大きく貢献している基幹産業と位置付けられる。また、産業の裾野の広さを具体的に表すと、各分野の材料メーカーの自動車産業への依存度は、鉄鋼で2割、アルミ

図1-3 自動車製造工程の概略図

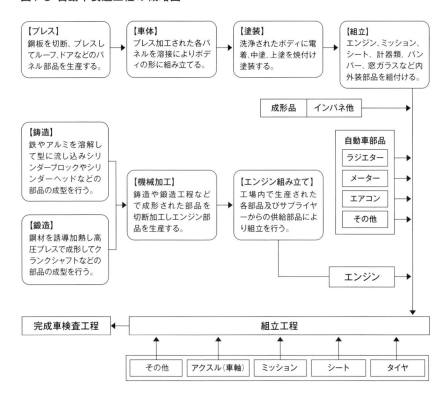

注）筆者作成：一般社団法人日本自動車工業会「産機審自動車WG資料「日本自動車工業会・日本自動車車体工業会の「低炭素社会実行計画」2012年1月17日の3.「自動車の生産工程」を基に筆者作成

で3割、繊維で3～4割、ダイキャストで7割、基礎素材で3割、電線で1割（日本自動車工業会「自動車産業の現状」2013.8）と言われている。

また、日本自動車工業会の「自動車産業の現状」の産業別の生産誘発係数[★3]によれば、自動車：3.2、鉄鋼：2.7、電気：2.4、一般機械：2.1であり、自動車産業の産業界全体への波及効果の大きさが明らかである（日本自動車工業会「自動車産業の現状」2013.8）。

以上が、自動車産業における自動車メーカーと部品メーカーとの位置関係、役割分担の概略である。このような産業構造を持つ日本の自動車産業が、世界市場で熾烈な競争を繰り広げて、現在の確固たるポジションを確保しているのである。

4. 自動車における技術とその特徴

4.1 安全・環境・快適技術の進化

先にも述べたように、自動車は総部品点数が数万点を超える数多くの部品で構成されるシステム製品である。具体的には、車体などの鋼板プレス部品から、エンジン・ミッションなどの超精密機械部品を主体とし、エンジン・ブレーキコントロールをはじめ多くの電子・ソフト制御システム部品に至る、広範囲な技術から構成されている。

さらに、技術革新の視点からは、金属加工から、マイコンによる電子化、さらにはソフト制御、燃料電池やLi電池などの近未来技術の開発が、企業競争の要である。そして、自動車は「走る」「曲がる」「止まる」の基本機能向上を基盤とし、さらにより高い安全性を実現し、環境負荷が少なく、快適で便利な乗り物として、日々進歩を続けてきた（JAMA「日本の自動車技術」）。

自動車技術の進化の歴史は、まさに自動車に本来求められる基本機能の進化・実現であり、さらに運転をサポートしていくための快適・便利機能の追加・進化に他ならない。

この技術進化が、運転者すなわち消費者のニーズに適合し、継続的な産業・

企業の発展につながっていると考えられる。近年日本の自動車技術は、HV車開発や自動走行車開発に代表されるように、環境負荷低減・安全走行技術領域などで世界をリードしている。

[**自動ブレーキ車**]

具体的な例としては、「安全」の領域では「予防安全」として「自動ブレーキ車」が消費者の関心を集めている。そして、一般消費者の高い関心を反映する形で、2015年からは国内自動車メーカー全8社が揃ってシステム搭載車を発売開始した。コストが比較的高い高機能なシステムであるが、軽自動車にも搭載されている。

技術的には、障害物を検知するセンサー（人間では眼）により、機能に大きな違いがある。そのセンサーは、遠くの障害物の認識に優れる「ミリ波レーダー方式」、物体を立体的に認識する「カメラ方式」、価格が比較的低い「赤外線レーザー方式」の3つに大別できる（日本経済新聞 2014.4.16朝刊記事）。

図1-4に自動ブレーキ車のシステムをブロック図により示した。いずれのシステムも、説明してきたカメラやミリ波レーダーなどの眼と、眼からの信号を認識する頭脳にあたるマイコンを主体とした電子回路、電子回路による制御、手足に相当する機械部品を主体にしたブレーキ、の各システムから構成される、大規模で高機能・高精度の総合制御システムである。そしてシステム化・デジタル化、すなわちソフトウェアを主体にした情報技術およびマイクロプロセッサーなどの半導体技術に注目が集まる。

しかし、総合的なシステム化による高精度化・高機能化を実現するには、人間に例えれば手・足に相当する機械系システムの高精度化も絶対的な必要条

図1-4 自動ブレーキ車のブロック図

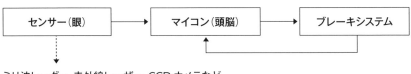

件である。ここに、日本の強みである精度の高い工作機械技術を活かすことが、創造性に富んだ日本独自のシステム開発につながり、継続的な日本自動車産業の競争力向上に結び付いていくと考えられる。

［自動運転車］

　さらに、各自動車メーカーが「自動ブレーキ車」の先に見据えているのが、「自動運転車」である。「自動車事故の9割を占める人為ミスをなくすこと」を究極の目標と位置付けて「自動運転車」の実現を推進している（日経新聞2014.8.1朝刊記事）。この「自動運転車」を実現するためには、システムとして自車の走行情報の他に、他車の走行情報、道路情報、地図情報などが必要となる。つまり、「自動ブレーキ車」ではハードとしての自動車だけでシステムを完結させることが可能であったが、「自動運転車」では車外との情報の繋がりが必要となり、そのための情報通信機器、車外のデータやサービス・コンテンツとのネットワーク化実現が大きな課題となってくる。

　これは、技術経営の視点からは、車の「ネットワーク化」→「技術の多層化」→「オープン化」の一連の必然的な流れと捉える事ができるのではないだろうか。自動車は、製品アーキテクチャの概念ではインテグラル型（擦り合わせ型）の代表製品とされてきた。しかし、先に述べてきた「自動運転車」開発への技術革新の動きは、自動車におけるモジュール型（組合わせ型）化の動きの先駆けに位置づけられる可能性を秘めている。つまり、自動車における技術の多様化が一段と進み、その対応が自動車産業における重要課題として位置付けられるのである。

　一方、述べてきたような先進的な製品は非常に大規模なシステム製品である。しかし、そのシステムを構成している各部品のメーカーは、それぞれの専門メーカーであることから、仕様構築，機能検証などの各設計プロセスにおいて、技術のブラックスボックス化が新たな問題点・課題として浮上している。

　これらの具体例が示すように、市場販売戦略の視点からは、先進国では最新技術搭載車輌の開発が市場競争のポイントである。一方、東南アジア・アフリカ・南米市場などの開発途上国向けには、廉価でかつ現地環境に適合した車の開発・製造・販売がシェア争いのキー・ポイントとなっている。つまり、世

界市場販売戦略においては、製品開発の多面性が要求されている。

このことより、自動車産業では、世界市場での競争に生き残るためには、技術の視点からも、販売戦略からも、多くの技術分野での創造性・先進性・革新性などの課題解決が必要である。したがって、アウトソーシングを含めて技術的な内外資源の活用が大きな課題であり、多面的な資源活用策が実行されている。

4.2 技術アウトソーシングの活用とその状況

この社内外を含めた多面的な資源活用策の1つとして、自動車産業界では自動車メーカー・主要自動車部品メーカーにおいて、グループ内子会社に業務を委託する技術アウトソーシングが活用されている。軽自動車メーカーを含む乗用車を製造する自動車メーカーでは、8社の全てがグループ内に技術アウトソーシング企業を設立している。また、トラック・バスなどの大型自動車メーカーでは、日野自動車以外の2社が子会社を保有している。つまり、自動車メーカー全体では、1社を除く各メーカーがグループ内に技術アウトソーシング企業を設立している。

また、世界市場で競争を展開し売上高ランク10位以内に位置する、日本の代表的な部品メーカーのなかで、デンソー、アイシン精機、カルソニックカンセイを含む7社が、グループ内に技術アウトソーシング企業を設立している。

そして、その活用状況については、各社ホームページおよび関係者へのインタビュー調査を実施した結果、次の4つの特徴が明らかとなった。

(1) 産業構造の頂点に位置する自動車メーカーおよび主要自動車部品メーカー各社では、多くの企業がその企業グループ内に技術アウトソーシング企業を設立している。
(2) グループ内技術アウトソーシング企業各社の業務内容は、3次元CAD[★4]とその関連業務であるCAE[★5]解析、3次元CAD教育、さらに組込みソフト[★6]関連業務が主体である。
(3) その中の数社では、一連の設計プロセスをまとめた業務領域を、車輌単

位や製品単位でまとめ、かつその企業単独で「まとめ委託」として、委託を受けている。
(4) メーカーのグループ内企業ではない単独資本の技術アウトソーシング企業も重要な役割を果たしている。その業務は主に、グループ内技術アウトソーシング企業より委託される部分的に小さく切り出された「部分委託」と呼ばれる業務である。

　これらのことより、CAEを含めた3次元CAD関連業務を主体にして、技術アウトソーシングが活用されている実態が浮かび上がってくる。

5. おわりに

　我々の日常生活において非常に身近な存在となっている自動車について、その機能・役割そして技術の歩みから改めて見つめ直した。そして、世界・日本の経済における自動車産業の位置付けを、いくつかの視点から検証した。このことより、自動車が人・物資の輸送力において重要な位置を占めていること。さらに、自動車産業が他産業を含めた産業界全体へ及ぼす波及効果は非常に大きいことが明らかである。
　そして技術の視点からは、システム化・デジタル化が機能の高精度化・新機能実現をもたらしている。したがって、世界市場での競争に生き残るためには、技術の視点からも、販売戦略からも、多くの技術分野での創造性・先進性・革新性などの課題解決が必要であり、アウトソーシングを含めて技術的な内外資源の活用が非常に大きな課題である。

注

★1 トヨタ自動車ホームページ―企業情報―トヨタの自動車生産台数による（http://www.toyota.co.jp/jpn/company/about_toyota/data/monthly_data/j001_14.html）

★2 総部品点数のカウント方法に明確な定義はない、また車種により異なる。一般的には自動車メーカーでの調達部品点数といわれている。

★3 ある産業の1単位当たりの最終需要（国産品）に対して、他の産業を含めた産業全体としての生産波及の大きさを表す。総務省の産業連関表に基づいて算出される。

★4 3次元CAD（Computer Aided Design：コンピュータ支援設計）：製品の形状から・大きさ・質量に到るあらゆる物理的属性をデジタルデータとして定義して、三次元立体として映像化することができる能力を持ったシステム。

★5 CAE（Computer Aided Engineering：コンピュータ支援解析）：3次元CADデータを用いて強度や耐熱性などの特性を計算する解析システム。

★6 組込みソフト：特定の機能実現のために自動車や家電製品などに組込まれるコンピュータシステムを動作させるためのソフトウェア

2章 アウトソーシングへのアプローチ

1. はじめに

　1章では自動車の機能や役割、さらに世界・日本の経済における自動車産業の位置付けを、いくつかの視点からみてきた。そして、自動車産業界では社内外を含めた多面的な資源活用策の1つとして、主要な自動車メーカー・自動車部品メーカーにおいては、グループ内子会社を中心にして業務を委託する技術アウトソーシングが活用されていることが明らかとなった。一方、アウトソーシングの範囲は非常に広がり、その解釈や定義は様々な形に派生し無限大の定義ができると言っても過言ではない状況にある。

　そこで、本章においては、そのアウトソーシングについて、現在の一般的理解内容、そして業務領域や業務内容などの歴史的経緯や定義とその変化などについて調査・整理・分析のうえ考察を加える。そして、本書の狙いである技術アウトソーシングについて明確に定義づけすると共に、アウトソーシング全体の中での位置付けを明らかにする。

2. 現状認識

　アウトソーシングをどのように捉え、どう対処するかは、日本企業にとって今や最重要課題の一つとなっている。日本ではこれまで多くの企業が、基本的には社内外の業務を垂直統合し自社を中心に効率運営することで、外部環境

の変化に対応し競争優位を確保しようと努めてきた。また、社外資源を活用するアウトソーシングは、IS（Information System：情報システム）など、ある特定の業務領域や、業務の中でも特別な知識や経験を必要としない下位工程の委託、また業務変動対応を目的とした委託など、限定的な委託が多くみられた。しかし、市場のグローバル化や、資源保護・地球環境保護の重視、デジタル化に代表される技術変革などにより、世界の産業構造は大きく変化してきている。いずれの変化要因も、その変化の内容と程度は、大変革といえるものであり、また複数の変化の要因が、ほぼ同時期に出現していることに、構造的変化の特徴があるといえる。

　この変化は、企業に対して内外資源の組み合わせや役割などの根本的な見直しを迫っている。外部資源の活用方法の1つであるアウトソーシングの役割・価値も、根底から問われるに至っている。

　具体的な例をあげると、先進国市場においては「スマートフォン」に代表されるように、市場調査に基づく消費者ニーズの掘り起こしからの商品開発にとどまらず、むしろ企業自らによる魅力的な消費者ニーズの創造が求められている。いっぽう、東南アジアなどの発展途上国市場では、家電での韓国サムソン電子の成功にみられるように、先進国市場の製品を基本として、発展途上国市場向けには各国の経済・自然環境・嗜好などにきめ細かく適合・改良した製品の、開発・設計・製造・販売が必要となっている（吉川2011, 2012）。

　つまり、経営戦略のうえでは、先進国市場を狙いとした創造的な製品の開発と、発展途上の各国向け製品の開発・製造・販売という、二つの大きな戦略の併行同時展開が必要となるのである。

　以上のように、いずれの変化要因も、多くの企業にとっては未経験の未知の領域の課題である。また、それらは今後の継続的な競争力確保のためには、自らの知識・情報・経営資源として自社資源に取り込んでいく必要のあるコア領域の経営課題でもある。

　したがって、この変化は、企業に対して内外資源の組み合わせや役割などの根本的な見直しを迫り、また外部資源の活用方法の1つであるアウトソーシングの役割・価値の見直しを迫っているのである。

　この視点から、特に輸出立国日本を支え続けてきた製造業、いわゆる「もの

づくり」産業のアウトソーシングに注目する。とりわけ、その本丸に位置する製品設計・開発、生産技術などの技術領域の業務に照準をあて、調査・分析を行う。そしてアウトソーシング利用企業の競争力向上に資するアウトソーシングとはどのようなものか、その課題は何かを明確にし、提言していきたい。また、本書においてはアウトソーシングの基本概念から始めて、技術領域アウトソーシングの定義づけ、その現状・特徴・課題などを研究・考察していく。

3. アウトソーシングの定義、その変化

3.1 アウトソーシングの語源と一般的理解

近年においては、アウトソーシングという言葉は広く一般的に使われるようになってきている。そして、さまざまな形でアウトソーシングに関わる人も増加傾向にある。

しかし、その一方でアウトソーシングという言葉が勝手に独り歩きしており、ケースそれぞれについて定義されている場合が多く、一義的にアウトソーシングは定義されていないのも現実である。

そこで、本書の課題認識をふまえて研究を行うにあたり、アウトソーシングの概念から考察をすすめていく。さらに、本書が目的としている製品設計・開発などを主体にした技術領域におけるアウトソーシングの概念の捉え方を考察していく。そして、その概念に基づき、アウトソーシングの先行研究について対象領域を広げて調査・分析・整理を行っていく。アウトソーシングは、その語源を探ると、もともとOut + Sourcingから生まれ、当初は企業内リソースの「外部資源化」と日本語訳されていた、そしてこれが広義の意味でのアウトソーシングである。さらに、この「外部資源化」に対して2通りの解釈がされている。1つは「自社の資源を外部化するという意味でのアウトソーシング」である。もう1つは「外部の資源を活用するという意味でのアウトソーシング」という解釈である（アウトソーシング協議会、2001）。

現在、一般的に社会で使われている定義は、基本的にこれらをさまざまな

形で派生させたものである。しかし、もともとの定義が大雑把であるため、解釈によって無限大の定義ができるといっても過言ではない。

また、アウトソーシングの対象は、ISに限らず総務、人事、設計・開発、製造など経営機能であれば、どのような機能も対象になる。また古くから行われてきている。

3.2 アウトソーシングの定義とその変化

1990年代に入って、アウトソーシングという言葉は、IS（情報システム）と結びつけて脚光を浴びるようになる。ISが先鞭をつけたアウトソーシングという言葉は、続いて他の分野でも用いられるようになっていった（島田1992）。

ISのアウトソーシングは、1960年代の大型コンピュータ導入初期での、売り手主体によるビジネススタイルに始まる。1990年代以降は、コンピュータを自社導入し、利用経験のある企業がアウトソーシングする形となり、ビジネススタイルも「標準化モデル」から企業競争力強化のための「個別対応モデル」へと変化していった。さらに1990年代後半から2000年前後にかけては、米国でのATTとIBMのアウトソーシング契約や、日本でのマツダと日本IBMとのアウトソーシング契約にみられるように、契約規模の大きさと新規産業の創出に近い狙いをもった投資行為もみられるようになっていった。

つまり、ISのアウトソーシングにおいては、アウトソーシングの持つ意味が時代とともに大きく変化してきた。そして、その変化に合わせて、さまざまなアウトソーシングの定義が、国内外で、日本IBM、野村総合研究所など多くの研究者・研究機関から提案されている（アウトソーシング協議会2001）。

たとえば初期においては、アウトソーシングとは「IS機能の一部または全部を選択的に第三パーティの請負人に移転すること」（Apte, U.M. 1991）。また、「ユーザー企業の基幹業務の全部もしくは一部の業務を一括して委託するサービスであり、システム運用の包括的責任がベンダ側にある。そして、比較的長期間（5年以上）の契約に基づくもので、ユーザーとベンダ相互の信頼関係をベースとしていることと、顧客企業の情報処理会社でないこと」（野村総合研究所1992）など。

さらに、成長期では「委託業務を実行する会社が、当該業務の遂行について一定の専門的知識、ノウハウに基づき、一定の範囲を持った業務として請負い、一定の判断、加工、オリジナリティなどによる価値をつけて、そのサービスを提供することである」(村上、大石ほか1996) などである。

3.3 サービス分野と提供形態

さらに、アウトソーシングの概念を掘り下げるために、現在のアウトソーシングを、その提供されているサービス分野と提供形態からの分析が行われている (アウトソーシング協議会2001)。それによれば、サービス分野では ①情報処理・ソフトウェア関連 ②専門サービス(法律・会計・税務) ③各種コンサルティング ④商品企画から ⑫行政サービスの代行まで、12分野が定義されている。

また、提供形態別では、①人材派遣[★1]による補助業務 ②業務の運営のみを受託する代行業務 ③業務の企画、設計を受託するコンサルティング[★2]業務、④業務の企画、設計から運営までを受託する業務、の4つを広義のアウトソーシングの形態と定義されている。そして、広義のアウトソーシングの定義としては一般的にこの4つの形態とされ、また狭義のアウトソーシングあるいは戦略的アウトソーシングと呼ばれるのは④だけ、と見るのが一般的である。

[花田モデル]：

このような状況を踏まえて、類似概念と比較する形でアウトソーシングを定義したものとして、慶應大学の花田光世教授が提案したものが良く知られており、花田モデルと呼ばれている (**図2-1**参照)。花田モデルでは、業務の企画・設計と業務の運営を、それぞれ、内部で行うか、外部に任せるか、により分類

図2-1 アウトソーシングの定義

業務の企画・設計	外部に任せる	コンサルティング	アウトソーシング
	内部で行う	人材派遣	外注・代行
		内部で行う	外部に任せる
		業務の運営	

出典：慶應義塾大学花田光世教授「花田モデル」をふまえ、筆者作成

されており、今まで論じてきた広義と狭義のアウトソーシングに関する類似概念が的確に分類されているといえる。サービス分野と提供形態の広がったISに代表される領域では、この分類が適しているとみられる。

しかし、「ものづくり」に関わる技術領域への、この「花田モデル」の適用はふさわしくないと筆者は考える。その理由は、次の2つにある。

(1)「花田モデル」での「アウトソーシング」は技術領域では存在しない、また今後も実行されない、と考えられる。

「ものづくり」に関わる技術領域は各企業の「コア・コンピタンス領域」である。したがって、競争力の根源である「業務の企画」領域を「外部に任せる」ことを意味する「アウトソーシング」は論理的に該当しないからである。

(2)「人材派遣」は、技術領域では外部資源活用に該当しない。

「人材派遣」は、業務遂行・管理の全てをユーザー企業が責任を持つ業務提供形態である。つまり、人材を派遣する派遣元は結果責任を一切持たない形態だからである。技術領域の業務は、ISなど他の業務と比較して暗黙知の割合が高く、マニュアル化や標準化は難しく、進んでいない。それゆえ、結果責任を伴わない人材派遣は、人材の派遣を受けた派遣先の管理業務の大幅な増大を伴い外部資源活用には値しない、と考えられるからである。

さらに、人材派遣には業務遂行の結果責任が伴わないということは、派遣元企業は「長期的な人材育成を実行しない、必要性が低い」ことを意味している。したがって、上位工程を含んだ広い領域でのいわゆる狭義の意味でのアウトソーシング（戦略的アウトソーシング）への展開、すなわち委託先企業の競争力へ貢献する外部資源活用の流れに繋がらないと考えられるからである。

4. 技術領域におけるアウトソーシングの捉え方

　以上、アウトソーシングの概念について広義、狭義の考え方とその層別のモデル、そして技術領域への適用の妥当性について述べてきた。しかし、ここで取り上げた以外にも多くの異なる定義が用いられているのが実情である。このように異なる定義が用いられるのは、アウトソーシングの実態が多くの次元を持っており、またその実態は業務・業種や業務提携形態などで異なり、そのために各定義が次元の違う対象に焦点を当てていることに起因していると考えられるからである（島田1992）。そこで、改めて技術領域に絞り込んで、技術領域におけるアウトソーシングについて考察を加えたい。

4.1 技術の捉え方

　まず、本書の主題である「技術」とは何かを始めに述べる。技術とは何か、設計・生産・労働・技能などといかに関係するか、などをめぐっては多くの議論がある。しかし、ここでは技術領域におけるアウトソーシングの対象範囲を絞り込むことに目的があるため、技術論には踏み込まない。以上のことより、本論においては「技術とは、何かをつくり出し享受する手段や方法あるいはその体系である」（十名2012）として、考察をすすめる。

　これまで述べてきたように、アウトソーシングの主流をなしているIS（情報システム）の基盤技術である「情報技術」も、「ものづくり」を主体とした機械技術や電子技術などの多くも、同じ「技術」の範疇である。しかし、前節において述べてきたように、本書のテーマであるアウトソーシングの歴史や先行研究の視点からは、情報技術におけるアウトソーシングと、他の技術におけるアウトソーシングには大きな違いが存在しており、明確に層別しての考察が必要と考えられる。

　また、先に述べた、製品に組み込まれたソフト制御システムにおいての基盤技術も同じ「情報技術」であるが、設計思想や設計プロセスの点からは「ものづくり」技術の領域としての捉え方が適している。したがって、技術の領域を「情報技術」と「ものづくり」技術で分類する層別の考え方は、技術における

アウトソーシングの分類方法としては適していないと考える。

さらに、どの視点からの層別が適切であるかの考察が必要である。そして、前節で述べたように、サービス分野別、提供形態別の分類が定義され、調査されており、多くの場合には適切な方法であると考えられる。

4.2 ISと技術の層別――サービス分野別の視点

前節で述べたように、一般的なアウトソーシングの層別方法としては、サービス分野別と提供形態別の2つの方法が知られている。しかし3.3「サービス分野と提供形態」で述べたように、提供形態別の層別方法は技術への適用には問題点が多い。これより、技術におけるアウトソーシングの層別方法としては、サービス分野別がより適していると考えられる。

以上のことをふまえて、サービス分野別の分類として、すでに報告されているアウトソーシング協議会発行の「サービス産業競争力強化調査研究」における「アウトソーシングのサービス分野」に検討を加える。次にその分類の主要部分を抜粋・記載する。

◎アウトソーシングサービスが提供されている業界・業種

（アウトソーシング協議会、2001）

1. 情報処理・ソフトウェア関連
   システムの設計開発・コンサルティング・システムインテグレイション・保守、メインテナンス、ソフトウェアの設計・開発・コンサルティング、ERPなどの業務パッケージなどの導入
2. 専門サービス
3. 各種コンサルティング
4. 商品企画
   商品・製品開発の企画・設計、デザインなど
5. 広告宣伝関係
6. 福利厚生・バックオフィス関連

7. 人材関連
 8. 各種専門技術
    映像・放送、検査、環境測定、調査など
 9. 生産工程（一部受託等を含む）
10. 建物管理、セキュリティ関連
11. 物流関連｛配送、在庫管理等｝
12. 行政サービスの代行

　上記のサービス分野別の分類内容に対して、先に検討して定めた「ISと技術を層別する」の視点から検証を行った結果、次のことが明らかである。
　ISは、上記のアウトソーシング協議会の分類1.「情報処理・ソフトウェア関連」にピタリと該当している。しかし、本書が対象とする「ものづくり」における設計・開発、生産技術などを主体とした技術は、上記アウトソーシング協議会の技術に関連する分類4, 8, 9には該当しない。しかし視点を変えて、この分類の13番目に、「ものづくり」技術を新たな1分類として加え、13分類とすることで、目的とするISと「ものづくり」技術の分野の層別が可能となる。また、他の分野にも影響を与えない。
　なお、先に述べた「アウトソーシングサービスが提供されている分野・業界」の12分類は、1999年12月時点での様々な業種・職種の企業276社にわたって行われたアンケート調査結果に基づいて行われている。一方、本書のテーマである「ものづくり」における設計・開発を主体にした業務のアウトソーシングは、2000年代における3次元CADの普及や技術のデジタル化・ソフト化に伴う組込みソフト化の進行などに伴い大きく拡大していった。つまり、12分類への調査時点と技術アウトソーシングの普及・拡大時点の間に、時間的な差が存在している。
　この現状をふまえて、現在のアウトソーシングサービス提供分野には、新しく13.「技術」（ものづくりを主体とした設計・開発・生産技術など）を入れる必要があると考える。
　したがって、本書においては上記のサービス分野別のアウトソーシング分類を基本にして進める。そして、この分類の13番目に、「ものづくり」技術として

新たに1分類を加えて13分類とし、「ISと技術を層別」する。そのうえで、この新しい分類に基づいて研究を進めていく。なお、必要のある場合においては「技術」を、さらに領域工学を基準にして区分し、機械技術・電子技術・材料技術などと使い分けて述べる。

4.3 技術領域におけるアウトソーシングの定義

それでは、技術領域におけるアウトソーシングを、どう捉えるか。広義には、島田（1995）による、「システムライフサイクル」×「期間」×「請負の方式」という3つの次元での捉え方が、基本的には技術領域においても適切ではないかと考える。

「システムライフサイクル」は一般的には「業務の流れ（業務工程）」と呼ばれるものであり、どの業務工程を対象とするかである。「期間」は契約期間であり、「請負の方式」は外注方式か別会社方式に分けられる。

この3つの次元での捉え方を基本に、技術領域への適用を次に考えていく。まず、「システムライフサイクル」は業務工程であり、設計の全工程であっても、一部分でもよい。それぞれの業務目的により変わるものである。しかし、次に述べるように期間は3年以上継続を条件としていることから、多くの場合，多工程が対象となる。なお、ものづくりにおける技術業務の流れ、つまり業務工程については、次節4.4にて、その概要を説明する。

次に、「期間」は、委託元企業の競争力へ貢献する外部資源活用を狙いとしていることから、長期間継続すなわち3年以上継続を条件とした。

また、「請負の方式」の次元については、日本では別会社への委託方式が多く（島田1995）、また特に技術領域ではそれが顕著であると予測されることから、外注方式と別会社方式も含める。

以上のこと踏まえて、技術領域でのアウトソーシングの定義を次に考察していく。まず、定義とは、広辞苑によれば、「概念の内容を限定すること。すなわち、ある概念の内容を構成する本質的属性を明らかにし他の概念から区別すること」（広辞苑1986）とある。

この視点から、技術領域のアウトソーシングの本質を構成する必要条件で

ある要件を考察していくと、先に述べた3つの次元での捉え方を基本にして、次の4条件を要件として加える必要があると考える。

①「責任分担」
②「一定レベルの専門知識・ノウハウの保持」
③「委託元企業の内部で定められている技術規定・技術標準類に基づく業務の遂行能力の保持」
④「委託を受ける側からの視点」

次に、この4条件について、それぞれ説明していく。

①「責任分担」は、(「花田モデル」にみる)派遣を除外するために加えたものである。前節3.1でも述べたように、技術領域の業務は、暗黙知の割合が高くマニュアル化や標準化はあまり進んでいない。このために、結果責任を伴わない人材派遣は、ユーザー側の管理業務の大幅な増大を伴い活用には値しないと考える。

さらに、同じ理由（結果責任を伴う）により、委託先の組織能力について2つの要件（②③）を具体的に加える。②は、専門分野で、かつ暗黙知の多い委託業務への組織的対応能力である。

③は、「ものづくり」産業ではよく認められる状況であるが、委託元企業の内部では、各企業が、その経験知などを基にして、独自に技術規定・技術標準類を定めている。そして、社内の全ての技術関連業務は、その基準類にのっとって実行されている。したがって、委託業務を実行する企業は、その基準・標準類を理解し、委託を受けた業務に確実に反映させる能力と責任が要求される。この必要条件は、他の一般業務とは大きく異なると考えられるため、「ものづくり」にかかわる技術領域のアウトソーシングの定義を定める要件として加えた。

そして最後の加えるべき要件は、④「委託を受ける側からの視点」である。先に3.1でも述べたように、ISやその他領域での従来の定義は、そのほとんどが「委託する側からの視点」によるものであったが、「委託を受ける側から

の視点」を定義の要件として加える。

　この視点の違いの持つ意味は大変に大きいと考える。その理由は、②＆③は「委託する側からの視点」では「当たり前」の要件として、非常に見えにくい要件である。しかし逆に、「委託を受ける側からの視点」では、委託を受けるか否かの判断では、最大の課題となりえる要件であり、定義としては欠くべからざる要件と考えられるからである。②と③の2つの要件は、④の要件からも、定義に加えるべき要件であると考える。

　以上のこと踏まえて、本論においては技術領域でのアウトソーシングを次のように定義する。

　技術領域のアウトソーシングとは、技術業務について委託業務を実行する企業が、一定の専門知識・ノウハウに基づき、一定の範囲を持った業務を一括して、かつ業務運用の責任を持って請け負い、あらかじめ定めた水準のサービスを長期間にわたって提供することである。それゆえ、委託元と委託先は、資本関係の有無にかかわらず、相互に信頼関係をベースとし、委託先は委託元企業の内部で別途定められている技術規定・技術標準類にも依拠する。

4.4　ものづくりにおける技術業務の流れ

　アウトソーシングを捉える3つの次元の1つとして、最初にあげられている「システムライフサイクル」とは、「業務の流れ」に他ならない。「業務の流れ」でアウトソーシングを捉えることにより、どの業務工程を対象とするかがわかり、アウトソーシングの展開段階の把握が明確になって、アウトソーシングの「競争力向上への貢献度」の把握が容易になるからである。

　具体的には、「ものづくり」においての基本的な業務の流れは、「企画・構想設計」→「基本設計」→「詳細設計」→「図面作成」→「試作評価」→「生産設計」に分けられる。詳細な説明は省くが、新規製品を設計する場合に必要な工程を、その工程順に並べている。

　市場調査などによって得られた情報を基に製品の機能を明確化し、その機能を実現させる技術の方策を検討・立案し、製品の物理的構成を実体化した「計画図」を作成する「企画・構想設計」工程がスタートである。

次に、その「計画図」を元に、基本的な性能を検討し具体化する「基本設計」、そして細部にわたる設計を行う「詳細設計」、それを図面として実体化する「図面作成」へと続く。さらに、図面に基づいて製作された試作品を性能評価して量産可否を確認する「試作評価」。そして製品そのものではなく、製品の加工・組立てなどの製造工程の設計である「生産設計」が行われる。

　このなかで、どの業務工程を対象とするかにより、そのアウトソーシングのステップを図2-2に示すように大きく3段階に層別する。この層別により、アウトソーシングの展開状況の把握が明確になり、アウトソーシングの「競争力向上への貢献度」の把握が容易になると考える。

　ステップⅠは、一般的な工学的知識に基づいた基礎技術力をベースにした、個人の能力伸展が主力の「個人展開」段階である。

　ステップⅡは、各製品の固有技術・生産技術の習得をベースにした、業務の工程数と幅の広がりを主体とした「組織的基礎設計」段階である。

　最後のステップⅢは、関連製品の固有技術習得をベースにした、「組織的応用設計」段階である。組織として固有の製品の設計が可能となり、委託元企業の企画・構想に基づいて「基本設計」から「詳細設計」「図面作成」「試作評価」までの一連の工程を受託可能となる。このステップⅢは、一連の工程を受託していることから、「まとめ委託」と呼んで、他とは層別する。

　なお、「コア・コンピタンス領域」としての「企画・構想設計」は、アウトソーシングの対象領域から除外している。しかし、「コア・コンピタンス領域」をどこまでと考えるかは、企業により、また、その製品の構成技術などにより一様

図2-2　技術領域での業務の流れとアウトソーシングのステップ

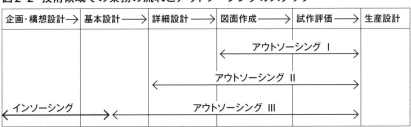

出典：筆者作成

ではない。それゆえ、ⅢがⅠやⅡより進んでいるなどの比較議論もさることながら、むしろ「なにを」「どこまで」「どのように」委託していくことが委託元企業の競争力向上に貢献していくのかが重要である。

5. おわりに

社内外を含めた多面的な資源の活用策の1つとしてのアウトソーシングについて、その一般的理解、業務の領域、さらには具体的な業務内容や雇用形態など多角的な視点から調査・分析をおこない考察した。また、技術アウトソーシングについては、先行して活用されているIS（情報システム）と「ものづくり」における設計を中心とした技術の違いに注目した。そして、その位置づけと定義を明確にすると共に、技術業務の流れの中でのアウトソーシングの位置づけ・役割を明らかにした。

注

★1　人材派遣：業務支援目的の人的サポートであり、自ら業務の運営や設計を行うことはなく、業務遂行や管理は全てユーザー企業が責任を持つ。（アウトソーシング協議会、2001）
★2　コンサルティング：業務の設計や企画はするが運営は行わない。（アウトソーシング協議会、2001）

3章 アウトソーシング論の到達点と課題

1. はじめに

　前章では、①課題認識、②アウトソーシングの概念と技術領域の捉え方、③ISと技術の層別、④ものづくりにおける技術業務の流れ、などを主体にして述べてきた。本章においては、先行研究の調査対象領域を技術領域およびISにとどめず、総務、人事などを含めたアウトソーシング全般に拡げる。そして、各研究領域での概要を述べるとともに、先行研究の到達点と課題を明らかにする。

2. 先行研究の到達点と課題

2.1 先行研究の分析視点

　アウトソーシングに関わる研究課題は、「「なぜ」「なにを」「どのように」アウトソーシングを行うのか」といったアウトソーシングの形成に関わる議論と、「アウトソーシングをいかにマネジメントしていくのか」といったプロセスに関わる議論の2つに大別される（山倉2001）。
　そして、アウトソーシングの形成に関わる議論は、「なぜアウトソーシングを行うのか」そして「なにをアウトソーシングするのか」さらに「どのように行う

のか（どの外部組織と、どの内部組織が、どのような関係で）」などの議論に分かれていく。

他方、プロセスに関わる議論は、アウトソーシングのマネジメントに関わるものであり、人、技術、組織、組織間関係、情報、グローバル化対応など、それぞれのマネジメント対象毎に、またそれぞれの業務分野別に議論が分かれていく。

本書においては、先に述べたアウトソーシングの形成に関わる議論を「形成論的アプローチ」、またプロセスに関わる議論を「プロセス論的アプローチ」と呼び層別していく。

これをふまえて、先行研究を整理するという目的から、ここではまず各対象業務分野に共通するアウトソーシングの形成に関わる議論から見ていく。そして次に、形成されたアウトソーシングを実行段階でいかに当初の計画に沿って運営していくのか、またリスクに対応していくのか、などのプロセスに関わる議論をみていく。

2.2 形成論的アプローチ

▶ 2.2.1 「なぜ」「なにを」「どのように」の視点

アウトソーシングを捉えるために、さまざまな視点が取り上げられているが、①取引コスト ②資源ベース ③資源依存 ④学習の各視点が代表的である。

そこで、4つの視点を手がかりに各業務領域にアプローチする。まず、事業分野を総合した議論をサーベイし、さらにアウトソーシングが行われている事業分野毎もみておきたい。

［全業務領域］
① 取引コスト視点

この視点は、アウトソーシング論では主流の考え方であり、アウトソーシングを内部で行うのか市場で行うのかといった問題として捉える（Domberger 1998）。組織内部で調達する際のコストと市場から調達するコストを比較し、市場から調達するコストが内部よりも低いならばアウトソーシングを行うとして

いる（山倉2001）。

　取引コスト視点では、R.コースの説が良く援用されている。すなわち、市場経済において、取引コストは、組織の内部で調達するほうが外部から調達するより低い。そのために、企業が組織化され、規模の経済が追求され巨大化していった（Coase1992）が、ISの発達により、企業間取引コストが大幅に低下し、逆転する傾向がみられるようになった（中谷2000）としている。

　1990年代に、日本でアウトソーシングが注目をあび、多くの企業がコスト削減を目的にアウトソーシングを採用していった行動には、この理論が有効と考えられる。しかし、アウトソーサーの機会主義的（日和見主義的、場当たり的）行動をいかに抑えるのかが必要となり、アウトソーサーとの信頼を構築するための施策が必要と主張されている（若林2000）。

②**資源ベース視点**

　この視点では、企業が蓄積している資源・能力（コア・コンピタンス）との関係でアウトソーシングするかしないかの決定を行う、と考える。その背景には、企業の競争力優位は、企業にとって価値があり独自性をもたらし、他からの模倣困難な資源・能力の形成、展開によりもたらされる、との考えがある（山倉2001；Quinn and Hilmer1994；Quinn1999）。この考え方では、戦略的観点からのコア・コンピタンスの認識が必要であり、また戦略と適合した柔軟性をもったアウトソーサーの選択が必要となる。

③**資源依存視点**（Pfeffer and Salanick 1978）

　この視点では、企業がアウトソーサーとの関係を形成するのは、そのアウトソーサーのもつ資源や能力が必要であるからと考える。つまり、企業とアウトソーサー間の資源依存にともなうパワー関係に注目している。したがって、この考え方では企業がアウトソーサーへの依存度をいかに回避するのかの分析が必要となる（山倉2001）。

④**学習視点**

　この視点では、アウトソーシングに関して、いかにアウトソーサーから知識

を獲得し蓄積していくのかに注目している。つまり、アウトソーサーからいかに学習するのか、自らとアウトソーサーがいかに協力し学習を行っていくのか、を問うている（山倉2001）。

さらに、これら4つの視点を中心にして、より深くアウトソーシングを解明するための統合的枠組みも模索されており、資源ベース視点と学習視点の統合や、取引コスト視点と組織間関係論の統合などが論じられている。（Quinn2000；Kern and Wilcocks2000）。

［IS業務領域］

IS分野では、1960年代から日本でもアウトソーシングが実施され始めているが、その形成の捉え方には様々な見方がある。そして、1990年代を境に大きく異なる点が2つみられる。1990年代以前は、自社にコンピュータ導入・利用の計画のない企業がアウトソーシングしていて、「資源依存視点」が有効とみられる。

ところが、1990年代以降になると、コンピュータを自社導入し、利用経験のある企業がアウトソーシングするパターンにシフトする。これが、1つ目の異なる点である。このパターンでは「取引コスト視点」、「資源依存視点」または「学習視点」のいずれか、さらにその組み合わせでの視点が有効と考えられる。

そして2つ目は、新規事業への進出、あるいは自社にない知識、技術を習得するなどの戦略的意図をもってISをアウトソーシングする狙いである（島田1995；花岡1999）。このパターンでは「資源依存視点」または「学習視点」、そしてその組み合わせでの視点が有効と考えられる。

このようなISの戦略的アウトソーシングは、アメリカではじまり、日本でもその事例を学ぼうという姿勢も同時にみられたが、なかなか定着しなかった（島田1992；花岡1996；大石・太田2012）。

［その他業務領域］

またIS以外での技術領域では、アウトソーシングの形成に関する研究・議論はほとんどみられない。その背景には、2000年以前の「ものづくり」が主体の産業構造では「もの」が商品であり、その商品を開発・設計・製造する

技術領域はその産業にとってコア・コンピタンスであるとの考え方があった。つまり、アウトソーシングの目的としては、先に述べた ②（資源ベース視点）＆ ④（学習視点）の可能性が大きく下がり、①取引コストが主で、これに ③資源依存の一部である「業務量変動への人材対応」が加味されるから、と推測される。

さらに総務・経理・財務・人事のアウトソーシングでは、①取引コスト視点を主体にして、これに ②資源ベース視点が加味される考え方が有効である（二神2001；奥西・小池2007）と論じられている。

▶2.2.2 「どのように行うのか」の視点

次に「どのように行うのか（どの外部組織と、どの内部組織が、どのような関係で）」の外部組織との関係の議論である。この議論では、海外でも一般的に実施されている資本関係の無い、いわゆる外部企業への発注である外注方式と、日本独特といわれている資本関係をもった、いわゆる別会社方式が主に比較研究されている。この比較研究のポイントは、外部組織との関係の違いに起因するアウトソーシングの効果や問題点などの視点である。

さらに、別会社方式でもその資本構成、親会社との人的資源関係、人事制度などは多様であり、またその業務環境も千差万別であり、さらに多くの議論がある。

たとえば、アウトソーシングの効果に関しては、「新技術の活用」では外注方式の方が高い、という知見がおおむね支持されている。これに対して、「コスト削減」と「設計・開発スキルの向上」の効果では、外注方式と別会社方式とで、どちらに優位性があるかは議論が分かれている（田村・根来2005；松野2004；向日2004）。また最近の傾向として、委託側が求める項目として「ISを活用した業務改革」の企画提案力が求められている実態が明らかにされている（日本情報システム・ユーザー協会2006）。この視点からは、親会社の業務内容に精通している別会社にメリットが大きいと考えられる。

またアンケート調査に基づく実証分析の研究（浜屋2005）でも、資本関係のある別会社へのアウトソーシングは事業・業務の見直しの程度が高くなる、と優位性が示されている（松野2004）。

さらに、総務・経理などの間接業務での、別会社方式などによるシェアード・サービス[*1]が実証研究されており、その特徴が明らかにされている（園田2001／8；2001／12）。

次に、上記の議論で形成されたアウトソーシングを、実行段階でいかに当初の計画に沿って運営していくのか、またリスクに対応していくのか、などのマネジメントの議論を見ていく。

2.3 プロセス論的アプローチ

「アウトソーシングをいかにマネジメントしていくのか」といったプロセスに関する論点は、その視点により多くの切り口がある。ここでは、研究対象の違いにより次の8つに層別して、①組織・システム ②組織間関係 ③人材 ④グローバル化 ⑤空洞化 ⑥自治体業務 ⑦技術分野 ⑧その他の順に見ていく。また、アウトソーシングのマネジメントは委託元と委託先の両者が主人公であり、この視点からも研究は分かれている。

なお、アウトソーシングに関する先行研究のほとんどは、IS業務を対象としていることを先に述べた。本節におけるアウトソーシングのマネジメントの議論では、⑦技術分野、⑧その他、以外はすべてIS業務を主な対象とした研究であることを、改めて述べておく。

① 組織・システム

組織・システムに関する領域においては、つぎに示す視点での研究がみられる。まず「ISをどう活用していくか」の視点からは、ISとBPR（Business Process Reengineering）の関係の理論的考察と、BPRの手段としてのISの必要性への指摘（花岡1994）がある。

また、IS技術の変化の速さとそのシステムの拡大に対応していくためのISアウトソーシングのマネジメントモデルとして、マルチソーシング、コ・ソーシング、パートナーシップなどの層別化概念導入の必要性（大井2001）も研究・議論されている。また。組織構成・マネジメントシステムの視点では、アウトソーシング委託元組織の力量向上の必要性とその対応策（内田、渡辺2008）

がある。さらに、委託先組織の課題としては、ISの技術、顧客ニーズ変化の大きさへの的確な対応の必要性と、ナレッジベース・マネジメントに基づく組織変革の提案（治田2004）がなされている。また、IS業務のオープン化・モジュール化の大きな2つの流れへの対応の必要性、そのためのIS業界・各企業としてのスキル評価基準の標準化・精緻化の実態と理論づけ（千田2008）が研究・議論されている。

さらには、アウトソーシングの戦略的効果向上策として、委託先企業との関係性および経営陣のISへの関心度および経営方針とIS活用方針の整合性向上が必要（浜屋2005）などの研究・議論がみられる。

②組織間関係

アウトソーシングにおける、委託元・委託先の組織間関係は、1960年代の大型コンピュータ導入初期での、売り手主体によるビジネススタイルの「高性能モデル」でのアウトソーシングに始まる。それが、1990年代以降は、コンピュータを自社導入し、利用経験のある企業がアウトソーシングする姿となり、ビジネススタイルも「標準化モデル」から「個別対応モデル」へと変化していく。この変遷により、組織間マネジメントに関する研究も「買い手協業」を今後の姿として提案、しかし同時に買手の逆選択の動きを予測する研究（澤井2010）がみられる。また、アウトソーシング活用拡大の動きとほぼ同期して、リスク・マネジメントにおけるモラル・ハザードと逆選択の課題が浮上し、研究・議論されている（桑原2003）。

また、多くの企業によるISアウトソーシングの活用にともない、競合他社との差別化が難しくなるというジレンマの発生。そして、そのジレンマの発生メカニズムの解明、その対応策としての「シナジスティック・アウトソーシング[*2]」戦略の提案（根来2004）などが研究・議論されている。

さらには、間接業務のアウトソーシングに内在するセキュリティ問題および問題解決のポイントを（1）システムのセキュリティ、（2）人系のセキュリティ、の両面から取組んだ研究（久保木2009）。また、拡大するアウトソーシングに対する、委託側内部での内部監査の必要性の視点から、各業務ステップでの監査の重要ポイントと監査方法についての調査・研究（藤原2008）がみられる。

③人材

人材のマネジメントでは育成と最適配置が重要テーマとなり、次に示す視点での研究がみられる。たとえば、中小企業における、情報化対応への社内外人材の活用とその効果の因果関係の実証研究、さらには、IS業務のオープン化・モジュール化の大きな2つの流れに対応していくための、IS業界における人材育成システムと最適配置についての実態とその理論づけ（千田2008）、などが研究・議論されている。

なお、ここではISを含めて「アウトソーシングに関わる人材とその育成」のテーマに関する先行研究に範囲を絞って調査した結果を述べている。しかし、IS全般に関連する人材・技術者育成に関する研究は、これ以外にも多数みられる。

④グローバル化

ISすなわち、ネットワーク化、グローバル化、オフショア・アウトソーシングなどの言葉を連想させるように、情報のデジタル化とグローバルなネットワーク構築は急激に拡大している。そして、この動きは、よく言われるようにビジネスに関する場所の概念を大きく変えた。米国・西欧を中心にした委託国、そしてインド・フィリピン・中国などを中心にした受託国ともに、その地域は世界に拡がっている。さらに、対象とする業務範囲も大きく広がっている。したがって、研究の範囲・視点も多様性がみられる。

グローバル化とオフショアリング[★3]について、金融・会計から人的資源、製造、解析、ロジスティックなど広範囲の業務に関して、米国・日本・中国を中心にして世界を概観し、その背景と意義、問題点などについて調査・分析した研究（夏目2006）がみられる。

また、日本からのオフショア・アウトソーシングが比較的活発に行われているインド、中国における現地での実証調査・研究がみられる（梅澤2007；児玉2009；関口2011）。

さらに、インドは欧米向けが主体、中国は約60％が日本向けであるが、欧米向けとの比較視点においては、日本は技術面・体制面も課題が多いとの研究・議論（金2005）がみられる。

いっぽう、本書が対象としている「ものづくり」での技術領域においても、製品のデジタル化・ソフトウェア化が急激に拡大しているのであるが、製品組込みソフトの設計に関するアウトソーシングそしてグローバル化に関する先行研究は、ほとんどみられない。実際の製品においては、制御機能領域を中心にして、製品へのマイコン内蔵による組込みソフトウェア化が進んでいる。そして、設計現場では組込みソフト設計の大幅な増加、グローバル・アウトソーシング化も急激に進んでいる。したがって、技術領域アウトソーシングに関する研究においては、この製品組込みソフトのグローバル・アウトソーシング化の動きは非常に重要な動向であり、今後注目していく必要があると考える。

⑤ 空洞化

　ISの「空洞化」とは、それを利用している企業自身が、最新の情報技術の全てを知りつくせない、ISを変革しようとしてもシステムの中核部分の構造・詳細などが把握できない、という状況をいう。この状況はほとんどの企業で発生している。また、この状況を発生させる要因としては、「ISの巨大化」・「ISの早い進歩」・「企業内での担当要員の昇進・ローテーション」、などがあげられている。この状況をふまえて、アウトソーシングに、どう対応していくかが研究・議論されている。この議論では、情報システム・技術の空洞化の促進は不可避であり、IS部門と空洞化領域の透明性改善が課題と提起されている（島田1995；花岡1994）。

　なお、この「空洞化」の視点は「ものづくり」技術領域のアウトソーシングにおいても長期的スコープでの重要な視点と考えられる。特に、④で触れた組込みソフト化拡大の流れでは、重要な研究の視点と考え、着目していく。

⑥ 自治体業務

　公組織としての自治体の目的は地域住民の福祉向上という公益を追求するのに対して、営利組織としての民間企業の目的は利潤の最大化という私益を追求している。このことは、公組織、非営利組織、および営利組織における価値の相対的重要性の差異をもたらしている（Berman1998）。この企業と自治体との目的や経営上の特徴の違いは、ISのアウトソーシングにも影響を与え

ており、この領域での研究・議論がみられる。

　また、組織文化・人的資源管理・守秘義務などの広範囲の視点からの両者の相違点分析・理論づけ、課題の提示などの調査・研究（島田2001）。さらには、自治体の現場からの実証研究では、事務の標準化、関連制度との連携の重要性などを問題提起した調査・研究・議論（源田2008）がみられる。

⑦技術分野

　IS以外の技術領域アウトソーシングに関しての研究は少なく、また実情調査に基づく現場目線での分析・研究が大半である。そのなかで、日本における技術者を取り巻く労働市場と職場の変化を、転職・外部技術者への評価など外部資源活用環境の視点から、日米の比較で調査・分析した研究がある。そこでは、日本での製造業における技術者比率の低さ、労働市場の外部化の低さ、所得の低さなどが米国比で指摘されている（中田・宮崎2011）。

　さらに、アウトソーシングの実情調査研究では、設計現場での「請負・派遣」人材の活用状況を明らかにすることを目的とした、現場目線での調査・分析・研究が実施されている。しかし、技術領域アウトソーシングの先行研究における調査対象現場は、あらかじめアウトソーシングの実施が確認されている現場であり、アウトソーシングの実施率や実施可否判断戦略の研究としては限界がある。

　また、その先行研究によれば、調査対象の委託元企業でのアウトソーシング活用の主な目的は、業務量変動への対応、正社員の増員なしでの人数確保など、と報告されている。さらに、その業務は、CAD操作、製品の詳細設計図面の作成、などの作業的操作が強い内容が大半であると報告されている。また派遣技術者は「派遣先には、スキルアップにつながる仕事をする機会がない」などの不満を抱いている、との指摘がみられる（佐藤・佐野・木村2005；鹿生2006；木村2008；河野2008；佐野2009）。

⑧その他

　ここまで、2.3 ⑦技術分野を除いては、ISを中心とした業務領域におけるアウトソーシングでのマネジメントを対象とした多くの切り口の先行研究を整理

し述べてきた。ここでは、その他の業務領域および研究視点からの先行研究について取り上げる。

　まず、アウトソーシングが拡大している領域として、マスコミなどで取り上げられることの多い業務にロジスティックがある。このロジスティックについて、その競争優位要因を明らかにすることを目的として、製造業・小売業の2業種を比較対照し調査・分析した研究（木村2004）がみられる。また、アウトソーシングの拡大にともない、増大しつつある人材アウトソーシング受託事業の競争優位要因を明らかにすることを目的として、営業活動を主体として調査・分析した研究（井上2005）がみられる。

　また、日本のIS産業には閉鎖的でリジッドなヒエラルキーが形成されているといわれているが、このヒエラルキー構造に踏み込み、その効率性を検証した研究（佐々木2009）がある。そこでは、現在のISサービス産業での階層は3層程度でマージン確保が困難となり、またこれ以上の階層を積み重ねることができない程度にヒエラルキーは効率化されている、と分析している。

　さらに、IS産業でのヒエラルキー構造に関しては、その売上高外注比率の平均値（加重平均）は24.86％と、日本の情報サービス産業を代表するJISA[★4]の2011年度版「基本統計調査」で、その実態が報告されている。

　以上に述べたヒエラルキー構造への踏み込みの視点は、「ものづくり」技術領域のアウトソーシングにおいても重要な視点である。その理由は、多くの業務領域において、委託元におけるアウトソーシング活用の主要目的の1つに業務量変動対応がある、と考えられるからである。したがって今後も、アウトソーシング業界においては、「業務量変動対応≒ヒエラルキー構造」の図式が継続されていくと予測されるからである。

2.4 到達点と課題

　アウトソーシングに関する先行研究について、「アウトソーシングの形成論」そして「アウトソーシングのプロセス論」の2つに分けて整理した。そこで、以上の結果をふまえて、本書の研究対象領域である技術領域アウトソーシング先行研究の到達点とその課題を、次の3点にまとめた。

① 形成論の資源ベース視点では、コア・コンピタンス領域はアウトソーシングの対象外と捉えている。「ものづくり」では技術はコア・コンピタンスである。したがって、「ものづくり」での技術領域アウトソーシングの研究は、資源ベース視点からは、ほぼ空白地帯とみられる。

② しかし、他の形成論である、取引コスト視点、資源依存視点、学習視点に基づいた技術領域におけるアウトソーシング実施の可能性は否定できない。その場合には、資源ベース視点が指摘しているように、論理的には、自らのコア・コンピタンスである「すでに形成された他からの模倣困難な資源・能力」の、アウトソーシング先からの保護体制が重要となる。しかし、自社資源の保護体制に関わる研究はみられず今後の課題である。

③ 技術領域アウトソーシングに関しての先行研究は、少数ではあるが現場視点でのプロセス論的研究が認められる。しかし、マネジメントの仕組みや今後の展開計画などの研究はみられず今後の課題である。

なお、さきほどの③で述べた技術領域アウトソーシングに関する少数の先行研究のポイントを以下に示す。

(1) アウトソーシングの主目的は、業務量変動対応を目的とした、正社員の増員なしでの人数確保である。また、その業務内容は作業的操作が大半である。
ただし、形成論では資源依存視点でのアウトソーシングとみなされているが、人数としての人材資源を外部に依存した委託である。能力依存ではなく、技術レベルでは最下層の作業領域が大半と考えられる。

(2) 自社で保有しない技術の領域での社外研究開発依頼は増えている。
自社のコア・コンピタンス強化を目的とした、資源依存視点でのアウトソーシングである。
製品・技術のシステム化が進む現在においては、各企業が今後さらに取

り組むべき戦略と考えられる。

3. おわりに

　先行研究のサーベイを通して浮かび上がってきたのは、本書の狙いである「ものづくり」産業における技術領域のアウトソーシングへのアプローチは、未開拓の領域に他ならず、本書の研究はそのフロントランナーに位置するという点である。

　形成論的アプローチからみると、「ものづくり」産業でのコア・コンピタンスとなる技術領域はアウトソーシングの対象領域とは捉えられていないため、ほぼ空白地帯となっているからである。また、マネジメント論的アプローチにおいても、少数の先行研究がみられるものの、その研究対象としているのは大半が作業的な機器操作の領域であり、技術というよりも技能領域と考えられ、やはり技術領域には及んでいないとみられるからである。

　本章では、広範囲な業務領域と多視点から先行研究を検証し、その到達点と課題を明らかにした。そこで明らかにした課題を基にして、次章では技術領域でのアウトソーシングの活用状況の調査とその分析を行う。

注

★1　シェアード・サービスとは、社内または企業グループ内で分散して行われている間接業務を、ある社内部門または子会社に集中した後に、業務を標準化し、一元的に行うマネジメントの手法（園田 2001/12）

★2　委託先の業務プロセスと自社内の業務プロセスを組み合わせることによって、模倣困難性が高い差別化を形成するアウトソーシング（根来 2004）

★3　一般的に、以前は国内で生産されていた商品やサービスを企業が海外から購入する（輸入する）こと（夏目 2006）

★4　JISA：一般社団法人情報サービス産業協会（日本の情報サービス産業を代表する社団法人；正会員数：540社、資本金（平均：23億円、2011年度）、売上高（平均：220億円、2011年度）

4章

技術アウトソーシングの活かし方と課題

1. はじめに

　3章では、業務領域を越えた広範囲にわたる先行研究の検証をふまえ、その到達点と課題を明らかにした。本章においては、まずアウトソーシング業界の枠組みの概要を述べたうえで、技術領域におけるアウトソーシング活用状況にメスを入れる。

　まず、前章での考察をふまえ、技術領域におけるアウトソーシング活用状況の仮説を設定する。次にこの仮説をもとにして、活用状況のアンケート調査を行い、その分析を通して課題を抽出する。

　この調査は、「ものづくり」に強い東海・北陸7県に本社を置く東証1部・2部上場企業196社（2011／7時点）を対象とするものである。さらに、アウトソーシングの歴史が長いISと技術の活用状況についても同時並行でアンケート調査する。

　そして、この調査結果をISとの比較視点から検証することにより、技術領域での活用実態の概要把握、課題および今後の活用計画を明らかにしていく。

2. アウトソーシング業界の枠組み

　アウトソーシングすなわちISの言葉が連想されるように、その発展経緯はコ

ンピュータの発展・普及とともにあるといっても過言ではない。その日本での市場規模は、JISA（一般社団法人情報サービス産業協会）の2014年版基本統計調査報告書によれば、売上高：20.9兆円、従業者数：102万人に及んでいる。またその売上高推移をみるとリーマン・ショックなどの影響を受けて2010年度には一時的に落ち込んでいるが、2011年度に再び上昇し、この10年間の伸びは約1.4倍と非常に大きい。

いっぽう、IS以外のアウトソーシングサービス業務の内容・規模などの全体像を示した資料はみられず、その中の一部分を取り上げた資料ばかりである。また、技術領域アウトソーシングの委託を受ける企業に関わる資料は存在せず、また全国的な業界団体も結成されていないため、その全貌は定かではない。

なお、技術領域アウトソーシングの専業企業は、全国的な規模で知られている次の3つの企業を代表として、全国で数多くの企業が事業展開していると考えられる。特に、(株)メイテック（売上高：約821億円、従業員数：6,786名；2015.3.31現在）は東証1部に上場され、全国的に企業活動を展開している。

また、大手企業と資本関係のある、いわゆる系列会社のアウトソーシング専業企業の活動としては、日産自動車（株）の持ち株会社である（株）日産テクノ（売上高：約300億円、従業員数：2,172名；2015.4現在）。三菱電機（株）の持株会社である三菱電機エンジニアリング（株）（売上高：約1,000億円、従業員数：5,134名；2015.4現在）の活動が活発であり、従業員数、売上高ともに非常に大きい。

さらに、その業務領域も、「設計・開発」・「試験評価」から「CAE解析」「LSI開発」「ソフトウェア開発・設計」など幅広い技術領域をカバーし、「ものづくり」産業での技術変化とその需要変化に的確に対応していると考えられる。

しかし、これらの活動による高い「ものづくり」技術により日本経済を支えてきた輸出競争力に顕著な陰りが見え始めている。特に半導体や電子家電を始めとした電子・電気関連製品における輸出競争力の衰えが顕著である。序章でもふれたように、競争力回復のためには原点に戻っての企業における内外資源の組み合わせとその活用が重要な要素となってくる。そして、その一つとしてアウトソーシングの活用とそのあり方が問われているのである。

この視点から、技術領域のアウトソーシングに焦点をあてての、現状調査・研究は特に意義のあるものと考える。

3. 技術領域での仮説の設定とその検証

3.1 調査・分析の視点

　アウトソーシングの歴史は、日米ともに大型コンピュータの企業への導入とともに、本格的に始まっている。そして情報技術の進歩とともに、コンピュータの革新的な高性能化、小型化、また低価格化が進行し、アウトソーシングで提供されるサービス業務内容は大きく変化してきている。また、サービス業務量もこの10年間で大きく増加しており、情報システムのアウトソーシングに関しては、委託元・委託先が共に多くの経験を積み、委託業務内容や委託管理体制などが議論・工夫・整備されていると考えられる。

　したがって、歴史的に先行している「IS」と「技術」を比較・調査・分析することにより、本書の目的である「ものづくり」にかかわる技術領域アウトソーシングの特徴を鮮明化させることが可能と考える。

　以上の考えかたをまとめて、調査・分析の視点を次に示す。

(1)「IS」と「技術」のそれぞれのアウトソーシング活用状況を、同一企業群に対して同時に調査する。
　「IS」との対比により、「ものづくり」を主体とした技術アウトソーシングの特徴を鮮明化し、分析を実施する。

(2)「IS」と「技術」の、企業での機能・役割の違いを考慮して調査・分析を実施する。
　（例：委託先機密管理体制の把握、事前の期待・不安　etc.）

3.2 仮説の設定

　本書の目的は、技術領域におけるアウトソーシング利用企業の競争力向上に貢献できるアウトソーシングの役割・課題を明確化し、提言したいとの考えである。

　この目的実現のためには、3章で述べた「先行研究の到達点とその課題」をもとにして、さらに幅広い現状認識を加えた技術領域におけるアウトソーシングの活用状況に対する「仮説の設定」が必要である。そして、その「仮説」に基づく現場の調査・分析が重要と考える。その理由は、技術領域アウトソーシングの先行研究での現場調査対象は、あらかじめアウトソーシングの実施が確認されている少数の現場である。また実施時期も2005年から2008年と、やや時を経ており、またリーマン・ショック以前だからである。

　この考え方をふまえて、前3章で述べた先行研究の到達点とその課題および筆者の設計現場経験をもとにして、技術領域でのアウトソーシングの活用状況について次の3つの仮説を設定した。

[**仮説1**] アウトソーシングがISと同程度に実施されている。
[**仮説2**] 機密保持などの体制が整備されてアウトソーシングが実施されている。
[**仮説3**] 「上流工程を含めた特定領域までアウトソーシングする」計画が進められている。

　次に、この仮説設定の考え方を述べていく。

[**仮説1**]：少数の先行事例研究により、設計・開発現場での技術アウトソーシングの実施が報告されていること。また、規模の大きな技術アウトソーシング企業が存在していることから、「ものづくり」技術アウトソーシングにおいても、先行しているISと同程度に普及していると考えられるからである。

[**仮説2**]：コア・コンピタンス領域でのアウトソーシング実施のためには、理論的には、コア領域の機密保持体制の整備が必要条件と考えられるからである。

[**仮説3**]：現在アウトソーシングを実施している企業は、今後さらに「外部資源の有効活用」の目的を追求して、活用領域の拡大、具体的には上流工程の委託、を計画していると考えられるからである。

　その仮説設定の背景を次に述べる。現在の急激な時代の変化の中で、市場で求められる製品の機能・コスト・品質などは大きく変化している。つまり、各企業は、今までのような「もの」を「どうつくるか」だけではなく、「なにをつくるか」の創造にも全力を注入している。このことは、業務の質・量・幅が必然的に大きく広がり、企業の経営戦略は内外資源を「どう組み合わせて、どう活用するか」に重点が置かれることを意味する。そして、その一環としてアウトソーシングの活用戦略も変化している、と考えられるからである。

　そして、この3つの仮説を検証していくためには現状調査が必要である。各仮説と具体的な調査項目との関係については頁数との関係から詳細は割愛するが、**図4-1**に先行研究からの知見、仮説の設定、具体的調査項目との関係を図として示した。

図4-1「先行研究の到達点とその課題」と「仮説の設定」および「具体的調査項目」

アウトソーシング論	先行研究からの知見	仮説の設定（技術領域）	具体的調査項目
形成論	1. コア・コンピタンス領域はアウトソーシングの対象領域外	1. アウトソーシングがISと同程度に実施されている（コア・コンピタンス領域ではあるが）	・業務委託実施の有無 ・事前の不安 ・資本関係
マネージメント論	2. 少数の事例研究では、設計・開発現場でのアウトソーシング実施の報告あり	2. 体制が整備（機密保持など）されて、アウトソーシングが実施されている	・業務分野と業務量 ・事前の期待 ・委託先機密管理の把握
		3.「上流工程までを含めた特定領域をアウトソーシングする」計画が進められている	・業務情報提供の内容 ・業務の見直し・標準化 ・今後の計画

出典：著者作成

4. 調査の概要と結果に基づく仮説の検証

4.1 調査の概要

ISと技術との比較検証を行うことで、技術領域におけるアウトソーシングの仮説検証、およびその実態と問題点を浮き彫りにしていくのが本調査の基本的考え方である。

具体的な調査方法としては、企業へのアンケート調査によることとした。調査票については、技術業務の調査票を巻末の付属資料-1に示した。なお、IS業務についても同一企業に対して同時に実施したが、その調査票については紙面の都合から割愛した。調査項目は技術と同一であり、業務名や業務プロセスの呼称が実務の現場において異なるため、それに対応して語句が一部異なるだけである。その相違点の詳細は技術業務のアンケート調査票の最後に示した。

調査範囲は、「ものづくり」に強い東海・北陸に本社を構える、東京証券取引所1部・2部上場の企業196社（2011年7月時点）とし、当該企業のIS部門長および技術部門長にアンケート票を郵送し回答を得る方式とした。実施時期は2011年7月から8月である。その結果、IS業務で16社から、技術系業務で16社からの回答を得ることができた。回収率は、同様のアンケート調査回収率（浜屋2005；田村2004；木村2003）と同等あるいは若干少なめの8.2％であった。

4.2 調査結果と仮説の検証

調査結果は4章文末の**資料4-1**に示したが、その要点を以下に述べていく。まず、3つの仮説に対する検証結果を述べる。

① [**仮説1**]「アウトソーシングがISと同程度に実施されている」の検証
この [**仮説1**] の検証に関連する調査項目は [Q1.業務委託実施の有無]、[Q3.アウトソーシングの業務分野と業務量] および [Q14.事前の期待] や [Q18.

事前の不安]である。

(1) ［Q1.業務委託実施の有無］の集計結果

　　　IS　　⇒ 委託を実施している：75％, 実施していない：25％
　　　技術 ⇒ 同上：53.6％, 同上：43.7％

　　技術での業務委託実施率は、ISに比べて約20％低い。

(2) ［Q3.アウトソーシングの業務分野と業務量］の集計結果

　　　IS　　⇒ 開発・設計分野：66.7％の企業が、委託業務量は全体業務量の
　　　　　　　75％以上、と回答
　　　　　　　運用・保守分野：75％の企業が、委託業務量は全体業務量の
　　　　　　　75％以上、と回答
　　　技術 ⇒ 設計・開発分野：全ての企業が、委託業務量は全体業務量の
　　　　　　　25％以下、と回答
　　　　　　　実験・評価分野：88.9％の企業が、委託業務量は全体業務量の
　　　　　　　25％以下、と回答

　　技術での全体業務量に対する委託業務量はISに比べて圧倒的に低い。

(3) ［Q14.事前の期待］や［Q18.事前の不安］の集計結果
　　仮説1.を成立させるデータはえられなかった。これより、[**仮説1**]は非成立である。

② ［仮説2］「機密保持などの体制が整備されて、アウトソーシングが実施されている」の検証
[**仮説2**]の検証に関連する調査項目は［Q5.資本関係］［Q10.委託先機密

管理の把握］［Q9.業務の見直し・標準化］そして［Q8.業務情報提供の内容］である。

(1) ［Q5.資本関係］の集計結果

　　IS　⇒100％子会社：16.7％，部分出資：0％，資本関係なし：83.3％
　　技術⇒同上：44.4％，同上：33.3％，同上：22.2％

　　技術業務のアウトソーシング先は、80％近くの企業では100％出資もしくは部分出資会社であり、機密保護の視点からは体制が整備されていると考えられる。

(2) ［Q10.委託先機密管理の把握］の集計結果
　　IS、技術ともに委託先機密管理の実施項目・内容は同一レベルの体制である。

(3) ［Q9.業務の見直し・標準化］の集計結果
　　業務の標準化、納入物の明確化、結果の文書化などの点から、技術における業務体制整備がより優れていると判断される。

(4) ［Q8.業務情報提供の内容］の集計結果
　　実務での、アウトソーシング先への［Q8.業務情報提供の内容］はIS，技術ともに同程度の情報提供レベルである。（集計結果の詳細については、資料2-1参照）

以上の各検証結果より、［仮説2］はISとの比較において、成立している、と考えられる。

③ ［仮説3］「「上流工程までを含めた特定領域までアウトソーシングする」計画が進められている」の検証

4章　技術アウトソーシングの活かし方と課題　　71

[**仮説3**]の検証に関連する調査項目は[Q18.今後の計画][Q8.業務情報提供の内容]および[Q14.事前の期待]と[Q15.実際の効果][Q16.事前の不安]と[Q17.実際の問題点]である。

(1) [Q18.今後の計画]の集計結果

　　IS　⇒ 委託；継続：100％，
　　　　　委託先；不変：58.3％／変更：41.7％，
　　　　　業務量　；不変：41.7％／増：41.7％／減：16.7％
　　技術 ⇒ 委託；継続：100％，
　　　　　委託先 ；不変：100％
　　　　　業務量 ；不変：44.4％／増：44.4％／減：11.1％　である。

したがって、[Q18.今後の計画]だけからは、技術領域でのアウトソーシングの展開が増加していくとは言い難い。

(2) [Q8.業務情報提供の内容]の集計結果
　　Q8に関する集計結果は、全体の30％前後で実施しているとの回答である。委託側の意図としては、上位工程へ展開していく活動が確実に動き始めていると推測される。

(3) [Q14.事前の期待]と[Q15.実際の効果]の集計結果
　　事前の期待値の高かった「コスト」「専門知識」「人材不足対応」「業務量変動対応」の各項目は、実際の効果としては、ほぼ事前の期待どおりか、若干低めの評価である。

(4) [Q16.事前の不安]と[Q17.実際の問題点]の集計結果
　　ISでは「ノウハウの流出」の項目において「実際の問題点」が「事前の不安」を大きく上回っていることが注目すべき事実として確認できる。この調査結果は重要であり、後で若干の説明を加える。いっぽう、技術では、

いずれの項目においても、「実際の問題点」は「事前の不安」を下回っており、ISとは異なり、業務委託の実施により事前の不安が解消方向にあることが認められる。したがって、今後の展開を予測・検討する場合には、上流工程への拡大・展開など、プラスの要因が多いと考えられる。
　以上の結果を総合的に検討すると、［仮説3］は、傾向は認められるが明確に成立しているとは言い難いと考える。
　これをふまえて、［仮説1］は非成立、［仮説2］は成立、［仮説3］は傾向としては認められるが明確に成立しているとは言い難い、との結論に至った。

　ここで、さきほど述べた、ISの［Q16.事前の不安］と［Q17.実際の問題点］の集計を対比検討した結果について、さらに説明を加える。具体的には、ISのアウトソーシングにおいて、80％以上の企業が「事前の不安」項目として、「ノウハウの流出」は、「全く当てはまらない」か「あまり当てはまらない」に該当すると回答した。しかしアウトソーシング実施後の現在の時点での「実際の問題点」としては、約50％の企業が、「非常に良く当てはまる」「良く当てはまる」「当てはまる」に該当すると回答している。
　つまり、ISアウトソーシングの展開が、委託元企業にとっては、企業の競争力の根幹の1つである「ノウハウ」流出への不安に結びついている事実が明らかにされた。これは、委託元によるIS内部化の動きなど、これからのISアウトソーシングの展開に少なからず影響を与えると考えられる。
　これらのことより、「ものづくり」を主体とした技術領域におけるアウトソーシングは、ISとの比較においては、その実施率は低いが、資本関係のある系列企業への委託を主体に実施されている。また、実施以前に懸念されていた不安は解消方向にあることが認められる。しかし、アウトソーシングの役割、問題点、課題、今後の活用の方向性などの把握には本調査では限界がある。とくに設計・開発の業務領域に焦点をあてるためには、業務に関しての内容・技術難易度など、さらなる掘り下げた調査が必要であることが明らかである。

5. おわりに

　本章においては、東海・北陸地方7県に本社をもつ東京証券取引所1部・2部上場企業を対象に、アウトソーシングに比較的長い歴史を持つISとの比較視点による独自のアンケート調査を行った。そして、技術領域におけるアウトソーシングの活用状況について、その概況および背景などを明らかにした。

　技術領域の業務は、アウトソーシングを利用する各企業にとってはコア・コンピタンス領域である。したがって、アウトソーシングの実施にあたっては、「機密保持体制整備」、さらには、「業務の見直し・標準化」などの体制を整備して実施していることが明らかになった。また、今後の活用の方向性については、「前後工程へのメンバーの参加」など上流工程への拡大を意図した行動は一部で認められるが、大きな動きには至っていないことを明らかにすることができた。

　この結果をふまえ次の第5章においては、特定の産業界として、現在日本の産業界を牽引しまた東海地方がその拠点の1つである自動車産業に焦点をあて、より深く掘り下げた検証を進める。

資料4-1　アンケート調査の質問項目および結果の単純集計結果

NO.	質問項目	質問内容および単純集計結果						
Q1	業務委託実施の有無	質問内容	IS（技術）業務の一部または全部を委託しているか					
		結果	IS	している	75%		していない	25%
			技術	している	56.30%		していない	43.70%
Q2	回答者の組織	質問内容	回答者の所属組織の全社の業務委託に対する関与の程度					
		結果	IS	主導的立場	91.70%	状況把握	8.40%	把握せず	0%
			技術	主導的立場	33.30%	状況把握	44.40%	把握せず	22.20%
Q3	業務分野と業務量	質問内容	委託している業務は各分野毎に、全体の業務量に対して、どの程度の委託割合か					
		結果	IS	企画	25%以下（の回答）が91.7%	開発・設計	75%以上が66.7%		
				運用・保守	75%以上が75%	変更更新	75%以上が66.7%、25%以下が16.7%		
			技術	設計・開発	25%以下が100%	製造	25%以下が88.9%、50%以下が11.1%		
				実験・評価	25%以下が88.9%	その他	25%以下が88.9%、75%以上が11.1%		
Q4	委託先企業数	質問内容	委託先企業の数					
		結果	IS	1社	33.30%	3～5社	33.30%	6社以上	25%
			技術	1社	33.30%	3～5社	33.30%	6社以上	22.20%
Q5	資本関係	質問内容	委託先企業との資本関係					
		結果	IS	100%子会社	16.70%	部分出資	0%	関係なし	83.30%
			技術	100%子会社	44.40%	部分出資	33.30%	関係なし	22.20%
Q6	実施期間	質問内容	委託先との契約実績期間					
		結果	IS	2～5年	33.30%	11～19年	33.30%	20年以上	25%
			技術	6～10年	44.40%	20年以上	33.30%	2～5年	22.20%
Q7	委託仕様書発行の有無	質問内容	委託業務内容は委託仕様書で呈示しているか					
		結果	IS	している	50%		していない	50%
			技術	している	77.80%		していない	22.20%
Q7-1	委託仕様書発行の業務割合	質問内容	委託仕様書を発行している業務の割合					
		結果	IS	不明	50%	75%以上	33.30%	25～50%	16.70%
			技術	75%以上	44.40%	25%以下	11.10%	不明	22.20%
Q7-2	委託仕様書の作成部署	質問内容	委託仕様書の作成部署					
		結果	IS	委託先協同	41.70%	自社	8.30%	不明	50%
			技術	自社	44.40%	委託先協同	33.30%	不明	22.20%

NO.	質問項目	質問内容および単純集計結果			
Q8	業務情報提供の内容	質問内容	委託先には委託業務の前後工程の情報を、どの程度提供しているか。(その程度により3つに層別して、委託業務全体に対するその割合を回答)		
		結果	IS	前後工程へのメンバー参加	業務割合で25%以下(の回答)が75%, 25～50%(の回答)が25%
				前後工程情報の提供	業務割合で25%以下が41.6%, 25～50%が33.3%, 75%以上16.7%
				委託業務の情報のみ	業務割合で25%以下が50%, 75%以上が33.3%, ～50%が16.7%
			技術	前後工程へのメンバー参加	業務割合で25%以下が100%
				前後工程情報の提供	業務割合で25%以下が55.6%, 50～75%が33.3%
				委託業務の情報のみ	業務割合で75～100%が55.6%, 25%以下が33.3%
Q9	業務の見直し・標準化	質問内容	委託にあたり、業務の流れの見直しや、標準化・規準化などを行ったか。1(全く当てはまらない)から、5(非常に良く当てはまる)までの間のスケールから、1つを選択。		
		結果	IS	流れの見直し	3:41.7%, 5:16.7%
				業務標準化	2:50%, 5:16.7%
				納入物の明確化	3:58.3%, 5:16.7%
				結果文書化	2:58.3%, 5:25%
			技術	流れの見直し	3:44.4%, 5:33.3%
				業務標準化	5:22.2%, 4:22.2%, 3:22.2%
				納入物の明確化	5:33.3%, 2:33.3%, 3:22.2%
				結果文書化	5:33.3%, 3:22.2%, 2:22.2%
Q10	委託先機密管理の把握	質問内容	委託先選定時に、委託先の機密管理状況をどこまで把握しているか。1(ほとんど検討していない)から、3(充分に検討している)の間のスケールから、1つ選択。		
		結果	IS	機密管理システムの有無	2:50%, 3:41.7%
				システムの充実度	3:50%, 2:42%
				システムの遵守度	3:50%, 2:42%
			技術	機密管理システムの有無	3:55.6%, 2:33.3%
				システムの充実度	3:33%, 2:33
				システムの遵守度	3:33.3%, 2:33.3%
Q11	自社部門能力	質問内容	平均的な委託先と比較した場合、貴社発注部門の能力は、どの程度か。部門別に、0(自社に部門なし)、および1(かなり低い)から5(かなり高い)までの間のスケールから、1つ選択。		
		結果	IS	企画	3:33%, 5:25%, 4:25%
				開発・設計	0:56%, 2:33%, 4:25%
				運用・保守	3:42%, 0:33%, 4:17%
				変更・更新	0:33%, 2:33%, 4:25%
			技術	設計・開発	5:56%, 2:22%, 4:11%
				製造	5:44%, 3:22%, 0:22%
				実験・評価	5:44%, 4:22%, 2:22%
				その他	0:89%, 5:11%

Q12	サービスの質	質問内容		委託により提供・納入されたサービスの質の満足度				
		結果	IS	非常に不満	0%	やや不満	8.30%	普通	33.30%
				やや満足	50%	非常に満足	8.30%		
			技術	非常に不満	0%	やや不満	11.10%	普通	44.40%
				やや満足	22.20%	非常に満足	22.20%		
Q13	品質保証契約の有無	質問内容		委託先との間で、提供されるサービスの質を定めた契約を結んでいるか				
		結果	IS	結んでいる	58.30%	結んでいない	41.70%		
			技術	結んでいる	33.30%	結んでいない	66.70%		
Q14	事前の期待	質問内容		業務委託を開始した理由として、次の8項目はどの程度当てはまるか。1(全く当てはまらない)から、5(非常に良く当てはまる)までの間のスケールから、1つ選択。				
		結果	IS	コスト低減	3:41.7%, 2:25%, 1:16.7%	開発スピード	3:58.3%, 5:16.7%, 2:8.3%		
				最新技術	4:33.3%, 2:33.3%, 3:16.7%	専門的知識	4:50%, 3:25%, 5:16.7%		
				社内人材不足対応	4:41.7%, 5:33.3%, 3:25%	業務量変動対応	1:33.3%, 4:25%, 3:25%		
				自社経営資源	5:50%, 3:25%, 1:16.7%	セキュリティ・リスク	3:50%, 1:16.7%, 4:8.3%		
			技術	コスト低減	4:44.4%, 5:22.2%, 3:11.1%	開発スピード	4:33.3%, 3:22.2%, 1:22.2%		
				最新技術	2:44.4%, 1:33.3%, 5:11.1%	専門的知識	5:33.3%, 4:22.2%, 2:22.2%		
				社内人材不足対応	4:44.4%, 5:22.2%, 1:22.2%	業務量変動対応	3:33.3%, 5:22.2%, 4:22.2%		
				自社経営資源	2:55.6%, 4:22.2%, 3:22.2%	セキュリティ・リスク	1:66.7%, 2:22.2%, 4:11.1%		
Q15	実際の効果	質問内容		業務委託で、実際にどの程度の効果があがっているか。質問項目はQ14と同一、また効果判定のスケールも同一。				
		結果	IS	コスト低減	2:41.7%, 1:25%, 3:16.7%	開発スピード	3:41.7%, 4:16.7%, 2:16.7%		
				最新技術	4:25%, 3:25%, 2:25%, 1:25%	専門的知識	4:41.7%, 3:25%, 5:16.7%		
				社内人材不足対応	4:41.7%, 5:33.3%, 3:25%	業務量変動対応	5:25%, 3:25%, 1:25%, 4:16.7%		
				自社経営資源	4:33.3%, 5:25%, 3:25%	セキュリティ・リスク	3:66.7%, 2:25%, 1:8.3%		
			技術	コスト低減	2:33.3%, 5:22.2%, 4:22.2%	開発スピード	2:33.3%, 1:33.3%, 3:22.2%		
				最新技術	1:44.4%, 2:33.3%, 4:11.1%	専門的知識	5:22.2%, 4:22.2%, 3:22.2%		
				社内人材不足対応	4:33.3%, 3:22.2%, 1:22.2%,	業務量変動対応	3:44.4%, 4:22.2%, 2:22.2%		
				自社経営資源	2:55.6%, 3:33.3%, 4:11.1%	セキュリティ・リスク	1:55.6%, 2:33.3%, 3:11.1%		

NO.	質問項目	質問内容および単純集計結果				
Q16	事前の不安	質問内容	業務委託について、開始以前にはどのような不安をもっていたか。1（全く当てはまらない）から、5（非常に良く当てはまる）までの間のスケールから、1つ選択。			
		結果	IS	信頼できる委託先	2:41.7%, 3:25%, 4:16.7%	コスト低減	3:50%, 5:25%, 3:16.7%
				ノウハウ流出	1:50%, 2:33.3%, 3:16.7%	委託先への過度の依存	5:41.7%, 3:16.7%, 2:16.7%, 1:16.7%
				臨機応変の対応	2:33.3%, 3:25%, 1:25%	セキュリティ確保	2:41.7%, 1:33.3%, 3:16.7%
			技術	信頼できる委託先	3:33.3%, 2:33.3%, 4:22%	コスト低減	3:44%, 2:33%, 4:22%
				ノウハウ流出	3:33%, 4:22%, 2:22%	委託先への過度の依存	3:56%, 2:22%, 4:11%
				臨機応変の対応	3:56%, 2:33%, 4:11%	セキュリティ確保	3:44%, 2:33%, 4:11%
Q17	実際の問題点	質問内容	業務委託で、実際にどのような問題が生じているか。質問項目はQ16と同一、また判定のスケールも同一			
		結果	IS	信頼できる委託先	2:41.7%, 1:33.3%, 4:16.7%	コスト低減	4:25%, 2:25%, 1:25%, 5:16.7%
				ノウハウ流出	2:25%, 1:25%, 5:16.7%	委託先への過度の依存	5:33.3%, 2:33.3%, 1:25%, 4:8.3%
				臨機応変の対応	1:41.7%, 3:33.3%, 2:16.7%, 5:8.3%	セキュリティ確保	2:41.7%, 1:33.3%, 3:25%
	実際の問題点	結果	技術	信頼できる委託先	4:44.4%, 1:33.3%, 3:22.2%	コスト低減	2:55.5%, 3:33.3%, 4:11.1%
				ノウハウ流出	2:55.5%, 1:33.3%, 3:11.1%	委託先への過度の依存	2:66.6%, 3:22%, 1:11.1%
				臨機応変の対応	3:66.6%, 2:33.3%	セキュリティ確保	2:55.5%, 1:22%, 4:11.1%, 3:11.1%
Q18	今後の計画	質問内容	委託の継続、委託先、業務分野、業務量の、それぞれの今後の計画			
		結果	IS	委託	継続:100%	委託先	変えない:58%、変える:42%
				業務分野	変えない:83%、変える:17%	業務量	変えない:42%、増:42%、減:17%
			技術	委託	継続:100%	委託先	変えない:100%
				業務分野	変えない:78%、変える:22%	業務量	変えない:44%、増:44%、減:11%
Q19	業務委託開始計画の有無	質問内容	業務委託計画の有無（業務委託未実施の企業への質問項目）			
		結果	IS	実施する	75%	実施しない	25%	わからない	0%
			技術	実施する	0%	実施しない	57%	わからない	43%

Q20	震災の影響	質問内容		今後の計画は東日本大震災の影響を受けているか					
		結果	IS	受けている	13%	いない	87%	どちらとも言えない	0%
			技術	受けている	13%	いない	81%	どちらとも言えない	6%

5章 自動車産業での活かし方

1. はじめに

　前章にて、東海・北陸地方7県に本社をもつ東京証券取引所1部・2部上場企業における技術アウトソーシングの活用状況について、独自のアンケート調査により把握した概況およびその背景などを中心に述べた。

　本章においては、この調査結果をふまえて本書の目的である特定の産業界として自動車産業（すなわち日本の産業界を牽引し東海地方がその拠点の1つでもある）に焦点をあて、技術アウトソーシング活用戦略について、より深く掘り下げた調査・分析を進める。

　具体的には、自動車メーカー、主要自動車部品メーカーを取り上げて、グループ内技術アウトソーシング企業の有無、委託技術・業務領域などを調査・分析する。

　そして上記の調査結果をもとに、現地・現場・現物の基本的考え方に基づき具体的に研究を進めていく。まず、技術アウトソーシング企業訪問を行い、さらに委託元および委託先の現場にて委託業務を直接管理している実務管理者に対してもインタビュー訪問を実施して、業務の技術・管理レベルにいたる詳細な調査を行っていく。

2. グループ内技術アウトソーシング企業の活用状況

2.1 調査の考え方と方法

　自動車産業における技術アウトソーシング活用戦略の研究・調査を進める基本的考え方を次に述べる。まず、設計・開発を主体とした技術アウトソーシングに焦点をあて、その概要を把握する。次に、その概要情報をもとに企業や関係者へのインタビュー訪問を主体に、関係文献調査、関連組織のホームページ調査などを組み合わせて、詳細情報の入手・分析を進めていく段階的なアプローチである。

　第4章4「調査概要と結果に基づく仮説の検証」にて述べたように、著者が独自に実施したアンケート調査によれば、技術業務の委託先としては80％近くの企業では100％出資もしくは部分出資企業への委託であることが明らかになっている。この事実より、概要調査は、次の2点を主体に進める。

(1) 自動車メーカーおよび主要部品メーカーのホームページ調査
(2) 委託先と考えられる各メーカーのグループ内技術アウトソーシング企業のホームページ調査

　次に、概要調査の情報を基に、詳細調査としては次の3点を主体にして進めていく。

(3) 委託先企業＆委託元企業の実務管理技術者へのインタビュー訪問（実現可能範囲で）
(4) 委託先企業トップへのインタビュー訪問（独立資本アウトソーシング企業を主体に）
(5) 企業史調査

　そして「なにを」「どのように」アウトソーシングしているか、されているか、を掘り下げ明らかにするのが、基本的な調査の視点である。したがって重点

項目としては、①業務の内容、②委託業務領域および必要な技術・管理レベル、③委託を受ける側の視点、の3点を主体に調査を実施していく。

2.2 調査結果

前節2.1（1）＆（2）で示した、自動車メーカーおよび各メーカーのグループ内技術アウトソーシング企業のホームページ調査結果は、本章文末の資料5-1「自動車産業における各企業グループ内での技術領域アウトソーシング企業の位置付け」に示した。

▶2.2.1 自動車メーカー

自動車メーカーでは、軽自動車メーカーを含む乗用車を製造する8社の全てがグループ内に技術アウトソーシング企業を設立している。また、トラック・バスなどの大型自動車メーカーでは日野自動車以外の2社は技術アウトソーシング企業を設立している。すなわち、自動車メーカー全体では、1社を除くその他全てのメーカーがグループ内に技術アウトソーシング企業を設立している。なお、ただ1社だけグループ内に技術アウトソーシング企業を設立していない日野自動車は、トヨタ自動車のグループ企業である。トヨタ自動車グループには、技術アウトソーシング企業のトヨタテクニカルディベロップメント（略称：TTDC）（株）が設立され、稼働している。したがって、実務面では日野自動車は、同一グループ企業であるTTDC（株）に業務を委託している可能性は否定できない。（なお、TTDCは2016年1月1日付けで再編成され、車輌開発や実験などの車輌開発機能をトヨタ自動車へ統合するなど組織の再編成実施が発表されている[★1]）。

そして、各社ホームページの調査結果から明らかになった、これらのグループ内技術アウトソーシング企業の特徴は次の4点である。

（1）設立時期：ほぼ1980年前後に集中している。
（2）業務内容
　　①CAD[★2]入力を中心としてCAE[★3]解析などの関連業務、さらには内外

装部品、ボディ部品など製品・部品設計に広がっている。
② 車輌の実験評価を担当している。
(3) 業務領域：複数の技術アウトソーシング企業が、一連の設計プロセス[★4]を取りまとめた「まとめ委託」[★5]の設計・開発を、車輌単位で実施している。
(4) 関連会社：海外子会社、国内地方拠点などを単独で設立・運営する企業が認められる。((株)日産テクノなど)

▶2.2.2 主要自動車部品メーカー

　世界市場で競争を展開している日本を代表する部品メーカーで、売上高ランクの上位に位置づけられる企業を対象とした。具体的には、日産系部品メーカーが3社、トヨタ系部品メーカーを6社取上げて調査を行った。調査結果は、本章文末の資料5-1に示した。調査結果から明らかになった、これら自動車部品メーカーにおけるグループ内の技術アウトソーシング企業の特徴は、次の4点である。

(1) 設立時期：1985年前後と、2000年前後の2つに大きく分かれる。
(2) 業務内容
　　① CAD入力を中心としてCAE解析などの関連業務、および関連する機械部品類、電子機器類の設計・開発への広がり。
　　② 組込みソフトウェア[★6]の開発・設計および関連する業務。
(3) 業務領域：複数の技術アウトソーシング企業が、一連の設計プロセスをとりまとめた「まとめ委託」を、各製品で実施している。
(4) 関連会社：海外子会社、国内地方拠点などを単独で設立・運営する企業が認められる。(シーケーエンジニアリング(株)、アイシン・コムクルーズ(株)、(株)デンソークリエイト、デンソーテクノ(株)など)

　各自動車メーカーおよび主要部品メーカーは、グループ内技術アウトソーシング企業を中心として、1980年代から幅広い業務内容、業務領域にわたって技術アウトソーシングを活用している。さらにグループ内の技術アウトソーシング企業自身が国内地方拠点や海外拠点を設立し運営することで、国内外の

技術人材の幅広い活用策を展開していることが明らかになった。

▶ 2.2.3 技術アウトソーシング活用にみる特徴

そして、自動車産業における技術アウトソーシング活用にみる特徴をまとめると、次の5点が明らかとなった。

(1) アウトソーシング先：自動車メーカー、主要自動車部品メーカーともに自社グループ内に、技術アウトソーシング企業を設立し、設計関連業務を委託する企業が非常に多い。
(2) 設立時期：自動車メーカーは1980年前後、主要自動車部品メーカーは1985年前後、2000年前後の3つに大きく層別される。
(3) 業務内容：次の3点から構成される。
　① CAD入力を中心としてCAE解析などの関連業務。(3次元CAD教育を、株主企業の社員も含めた国内外の全グループ内企業を対象として展開している企業もみられる)
　② 内外装部品、ボディ部品、関連する機器・電子機器など、製品・部品領域への広がり。
　③ 組込みソフトウェアーの開発・設計および関連技術分野への広がり。
(4) 業務領域：複数の技術アウトソーシング企業が、一連のプロセスを取りまとめた「まとめ委託」の設計・開発を、各車両や製品で、実施している。
(5) 関連会社：海外子会社、国内地方拠点などを単独で設立・運営する企業が認められる。

上記5つの特徴の中で、注目すべきは(4)(5)だと考える。その根拠は、先に4章3「技術領域での仮説の設定とその検証」で述べた、[仮説3]の「上流工程業務の委託」が、実現されているからである。具体的には、特徴(4)「複数の技術アウトソーシング企業が、一連のプロセスを取りまとめた「まとめ委託」の設計・開発～」を実行できている企業が認められることである。
　そして、(5)が示すのはグループ内技術アウトソーシング企業が、委託を受けた業務のQCD (Q：Quality (品質)、C：Cost (価格)、D：Delivery (納期))

遂行の結果責任だけに留まらず、その役割領域を大きく広げて企業活動を展開していることである。具体的には、国内外の技術人材資源の有効活用を企業の役割として認識し、国内地方拠点、海外拠点を設立し、人材の教育・育成から業務展開システムつくり・運営までをも展開している事実である。この企業活動・展開の考え方は、研究の目的である「技術アウトソーシングの役割と課題」のなかで、将来の役割を考察するうえで非常に重要な位置づけと考えられるからである。

3. 独立資本技術アウトソーシング企業の活用状況

3.1 トップ・インタビューからの経営および事業内容

　前節2.2.3において、自動車産業界でのグループ内技術アウトソーシング企業の活用概況について述べた。これは自動車産業界での現状である。日本の産業界全体での技術領域におけるアウトソーシングの特徴や役割・課題を論じるには、さらに視野を広げて状況を俯瞰する必要がある。しかし、技術領域でのアウトソーシング事業に関する資料は存在せず、また全国的な業界団体も結成されていないため、その全貌は定かではない。

　いっぽう、自動車産業におけるグループ内アウトソーシング企業を中心とした技術アウトソーシングにおいては、多くの独立資本の技術アウトソーシング企業が、さまざまな製品設計領域、業務において重要な役割を果たしていることは、自動車産業内では良く知られている。また、筆者自身も、多くの独立資本の技術アウトソーシング企業技術者が、筆者周辺の多くの製品設計職場で活躍している現実を認識している。

　つまり、自動車産業における技術アウトソーシングの活用状況の把握のためには、独立資本の技術アウトソーシング企業の現状調査が不可欠と考えられる。

　そこで、技術アウトソーシング企業として主に東海地方を拠点として現在活躍中の、特定の資本系列を持たない、メーカー資本から独立した、いわゆる

独立資本技術アウトソーシング企業のトップの方々にインタビュー訪問・調査を行った。

トップ・インタビュー訪問の狙いを次に述べる。独立資本技術アウトソーシング企業は、特定のメーカーグループに属していない。したがって、多くの業界・企業を得意先としてビジネスを展開しており、広い視野で、また第三者的に各業界を俯瞰していると考えられるからである。その訪問先企業と概要および主な事業内容を**図5-1**に示した。

そして、インタビュー訪問で得られた各社長からの主要なコメントは、次の6点である。

(1) 現在の独立資本技術アウトソーシング業界は次の3つに大きく層別される。
　　①自動車などの設計・開発分野での技術研究開発支援業務の受託
　　②工作機械・治具などの設計・製図業務の受託

> 技術アウトソーシング業界の歴史は、昭和30年代の専用工作機械の機械部品設計・製図を中心とした工機設計の受託がスタート。さらに、昭和50年代の機器製品の機械製図の請負業務の増大で起業が増加した（日本機械設計工業会[★7]のメンバーが中心）。

　　③メイテック（株）に代表される、技術者派遣

(2) 設計・開発支援分野では、現在は自動車メーカーおよび主要自動車部品メーカーのグループ内技術アウトソーシング企業からの業務の受託が主体である。さらに、業務量は少ないが自動車メーカーおよび主要自動車部品メーカーからの直接業務受託もある。またその受託業務の経験による技術力・組織管理力の育成が成長の要である。

(3) 現在の業務は、3次元CAD入力を中心にCAE解析および各種製品・部品の設計・開発へと、その領域が広がってきている。

(4) 委託先からの比較的機密性の低い業務において、ある小範囲をまとめての「まとめ委託」増加の傾向が認められる。

(5) 景気変動などに伴う委託業務量の増減による人員変動への対応が、アウトソーシング企業の最重要課題。その対応策は、得意先企業数および得意先業界の拡大が主体であり、これにより特定業界の需要変動による全体業績への影響の最小化をはかっている。

(6) 長期間にわたる同一製品・システム、技術分野などの委託業務においては、「委託側の社員不在⇒関連する情報・知識のアウトソーシング企業社員への依存」の、いわゆる空洞化現象[*8]が発生している。

図5-1 独立資本技術アウトソーシング企業のトップ・インタビュー訪問先とその概要

訪問企業名	企業の概要	面会者	主な事業
(株)日本テクシード	設立：1979年 資本金：4.95億円 社員数：1,370名 (2012/3) 売上高：86.5億円 (2012/3) 得意先：トヨタ自動車、日産自動車、日産テクノ、TTDC、デンソーテクノ、他35社以上	森本一臣 社長 (訪問日：2013/2/13)	自動車をはじめとする製造業において、「モノづくり」の上流工程である研究開発で、アウトソーシング事業（研究開発支援）を展開。
(株)ヒラテ技研	設立：1967年 資本金：2,000万円 社員数：255名 (2012/12) 売上高：18億円 (2011年度) 得意先：トヨタ自動車、小糸製作所、TTDC、デンソーテクノ他27社以上	平手久徳 社長 (訪問日：2012/9/24)	自動車をはじめとする多業種の設計業務を機械設計から制御設計、ソフト開発、建築設計などから総合的にサポートする。
(株)第一システムエンジニアリング	設立：1980年 資本金：9,000万円 社員数：576名 (2012/4) 売上高：43.3億円 (2012/3) 得意先：トヨタ自動車、富士重工業、三菱自動車川重、三菱重工、TTDC、デンソーテクノ他10社以上	松井篤 社長 (訪問日：2012/10/16)	航空宇宙、自動車、産業機械、ソフトウェア開発などを中心とした技術者集団として、設計・開発などの技術業務をサポートする。

出典：各社H/Pに基づき筆者作成（各社H/PのURL 日本テクシード (http://www.tecseed.co.jp/)、ヒラテ技研 (http://www.hirate.com/)、第一システムエンジニアリング (http://www.dse-corp.co.jp/) 2013.5末時点）

3.2 その特徴──各社ホームページからの調査・分析

さらに、上記のインタビュー先3社については、ホームページ及び会社カタログに基づく業務内容、業務領域、得意先の視点からの調査により、次のような点が明らかになった。

① 業務内容：機器設計、電子回路設計、CAE解析から組込みソフト設計と広範囲にわたる
② 業務領域：技術業務（設計・開発）支援が主体
③ 得意先：主要自動車メーカー、自動車部品メーカーおよび各社グループ内技術アウトソーシング企業

このことより、独立資本技術アウトソーシング企業にみられる特徴としては、次の2点が明らかである。

(1) 各社ともに、主な事業内容として技術業務（研究開発）支援と明記している。
具体的に技術業務支援とは、先の**図2-2**「技術領域での業務の流れとアウトソーシングのステップ」に示した設計プロセスの一部分や、複数部品から構成される製品の一部分の部品の設計を得意先から委託されることである。つまり、一連の業務から、設計プロセスや構成部品の切り口で部分的に小さく切り出された「部分委託」が業務の主体である。

(2) 主な得意先として、一次自動車部品メーカーのグループ内技術アウトソーシング企業（日産テクノ、TTDC、デンソーテクノなど）、さらに自動車メーカー各社（トヨタ自動車、日産自動車など）とも取引関係にある。

以上により、自動車産業における製品設計・開発を主体とした業務での技術アウトソーシングの活用状況が明らかとなってきた。この内容に対しての検証・分析は次の6章にて行うこととする。

その前に、グループ内技術アウトソーシング企業の業務内容・領域の調査にて明らかになったポイントの1つである「まとめ委託」に関して、更なる掘り下げた調査と分析を加える必要があると考える。その理由は、本書の目的である技術アウトソーシングの今後の役割と課題を考察するうえで、この「まとめ委託」の役割は非常に重要な位置づけにあると考えられるからである。

4．実務管理者へのインタビュー
　──「まとめ委託」を主体にして

　自動車産業における技術アウトソーシング活用状況調査の第一段階において、その概要調査として実施した自動車メーカーおよび主要部品メーカーのホームページ調査の結果は、本5章文末の**資料5-1**に示した。この調査から、アウトソーシング企業単独による、各車両単位や製品単位で一連のプロセスを取りまとめた「まとめ委託」による設計・開発が実施されていること。さらに、「まとめ委託」は複数のグループ内技術アウトソーシング企業において実施されていることが明らかとなった。

　また、この「まとめ委託」は各車両単位や製品単位で一連のプロセスを取りまとめて、技術アウトソーシング企業自身が委託業務を実行・管理する業務形態である。つまり一般論としては、レベルの高い技術力、組織管理力が必要である。したがって、技術アウトソーシング企業の今後の役割を考える上で、非常に重要な位置づけにある業務形態と考えられる。

　そこで、この「まとめ委託」に関して、アウトソーシング形成論の「なぜ」「なにを」「どのように」の視点から、その内容を明らかにするとともに考察を加えていく。以上をふまえて、技術アウトソーシングに現在関わっている実務管理者へのインタビュー訪問を行ったので、その概要および結果について述べる。

4.1 調査の概要

　先に示したように、数多くの自動車メーカー、自動車部品メーカー、グループ内技術アウトソーシング企業などで構成される自動車産業は、研究の視点によりその調査の切り口は大きく変わってくる。また調査の切り口によっては、機密保持などの点から調査が不可能な領域も存在する。つまりインタビュー対象企業、質問対象者および質問内容などの選択は、調査実行にあたっての重要な検討ポイントとなる。
　以上の点を考慮し、目的、調査の基本方針、方法、具体的質問は次のように定めた。

(1) 目的
　自動車産業における技術アウトソーシングの本質に迫るため、アウトソーシングの実務に直接携わっているベテラン設計技術者・管理者へのインタビュー調査を行い現場情報のさらなる掘り下げを行う。とくに、重点調査項目としては

① 「まとめ委託」の実態とその評価および今後の動向
② 3次元CAD作業とその関連業務の委託元と委託先の役割分担
③ 設計プロセスと設計知識（形式知、暗黙知）に関わる認識

(2) 調査の基本方針
　電子、情報、機械の各技術分野を中核技術として製品化している代表的な企業1社に絞って調査を実施する。（理由は下記の①～③）

① 複数企業にわたる調査は、アウトソーシング活用の考え方が企業により異なる可能性が高く、調査の一貫性に欠ける恐れがある。
② 自動車は工学的には機械から電子、情報など多くの工学分野が関連している。
③ 今後の技術動向としては、動力源としてのモーター制御、電力制御、自動

運転などの重要度が増すと考えられることから、電子技術、情報技術、機械技術が注目される。

(3) 具体的方法

① インタビュー調査対象企業
　・委託元企業：自動車部品メーカー大手Z社
　・委託先企業：Z社のグループ内技術アウトソーシング専業企業ZT社

② インタビュー対象実務管理者
　・人数：9人
　・設計経験年数　15〜20年：1人、21〜30年：2人、31〜40年：6人
　・技術アウトソーシングとの業務上の関わり
　　（ⅰ）Z社の業務アウトソーシング管理者（ZT社への委託）：2人
　　（ⅱ）ZT社への出向もしくは転籍者（Z社から）：7人

＊対象者9人全員がZ社での設計実務経験者である。さらに、現在の立場は、Z社の業務委託管理者もしくはZT社での実務管理者の立場にあり、全員が設計業務のアウトソーシングに直接関わりを持っている。

　・設計担当製品
　　（ⅰ）機械機器系：2人
　　（ⅱ）機械・電子機器系：3人
　　（ⅲ）電子機器系：2人
　　（ⅳ）情報機器系：2人

③ インタビュー実施期間：2013年8月下旬〜9月末

(4) 質問内容
具体的な質問内容は巻末の付属資料2「実務管理技術者への「製品設計業

務のアウトソーシングに関する質問」として示した。

4.2 調査の結果

▶4.2.1「まとめ委託」について

(1)「なにを」(製品の技術分野および技術新規度・変更度)

① 製品の技術分野：機械機器系製品から機械・電子機器系、電子機器系、情報機器系の製品までを対象としている（具体的製品名はインタビュー許諾の条件に基づき記載しない）。
② 製品の技術新規度・変更度[★9]：小の領域（新規度・変更度 ≒ 20％）

(2)「どのように」

① 委託業務プロセス
・構想設計から試作評価（生産設計への移行までを含む）：1製品
・基本設計から試作評価（生産設計への移行までを含む）：6製品

　以上の調査結果より「まとめ委託」は、機械系から電子系の製品まで広範囲の技術分野の製品で、かつ技術新規度・変更度が約20％と小さい程度の製品を対象に実施されている。
　また、その委託範囲は製品により異なるが、一部の製品は構想設計から試作評価まで、多くの製品では基本設計から試作評価までを実施している。そして、生産設計を担当する部署への移行業務も担当していることが明らかとなった。
　なお、構想設計、基本設計などの設計における業務の流れとその内容については、2章4.4の**図2-2**において述べた。しかし本節で掘り下げている「まとめ委託」の議論を深めるために、「まとめ委託」と「部分委託」の層別の視点からまとめ直して、**図5-2**に改めて示した。今回のアンケート調査結果での

図5-2 設計における業務の流れと「まとめ委託」と「部分委託」による委託範囲の違い

企画・構想設計 →	基本設計 →	詳細設計 →	図面作成 →	試作評価 →	生産設計
		部分委託 ←→ ←→	←→ ←→	←→	
		まとめ委託 ← Ⅰ		→	
	←	Ⅱ			→
←		Ⅲ			→
企画・構想設計	市場調査や顧客要求仕様に基づき製品の機能を明確化し、その機能を実現させる技術の方策を検討立案し、製品の物理的構成を実体化した「計画図」を作成する工程。
基本設計	「計画図」を基に、基本的な性能を検討し詳細化する工程。
詳細設計	基本設計を基に、細部にわたる設計を行う工程。
図面作成	詳細設計までの工程で決められた各仕様を図面として実体化する工程。
試作評価	図面に基づいて製作された試作品を性能評価して、生産移行の可否を確認する工程。
生産設計	製品の加工・組立てなどの製造工程および関連機械類を設計する工程

注）筆者作成

「まとめ委託」の委託領域は図5-2においてⅡおよびⅢに該当する。

(3)「なぜ」(業務委託理由)

① 「委託元の技術開発力強化が可能」の回答が9人/9人と全員の見解が一致していた。
（図5-3「インタビュー質問への回答：「まとめ委託」を推進する理由」に示す）
② 「まとめ委託」の領域拡大可否に対する設問への回答は全員がYESである。

「まとめ委託」への評価が非常に高いことが明らかとなった。
（図5-4「インタビュー質問への回答：「まとめ委託」領域拡大の可否」に示す）
　さらに、自由質問での回答によれば、技術アウトソーシング企業による「まとめ委託」は、メーカー設計技術者の負荷増大への対応策として非常に有効である、と多くの回答者が、異口同音に答えていた。
　そして、メーカー技術者の負荷増大の理由としては、次の4つの回答があげられた。

（ⅰ）製品・システムの高機能化、高精度化、複雑化による製品仕様検討の負荷時間増大
（ⅱ）各製品における基本型式数の増大（ハイブリッド車種の増加、海外仕向け地の細分化による車種の増加などが主な背景）
（ⅲ）製品設計・開発の海外現地化拡大への準備・援助
（ⅳ）開発期間の短縮化

　メーカー技術者業務負荷増大の理由としてあげられた上記の4つの理由は、いずれも自動車産業におけるグローバル競争力強化を狙いとした現在の動きを顕著に表している。そして、今後もこの傾向はさらに強まっていくと予測される。したがって、グループ内技術アウトソーシング企業による「まとめ委託」のニーズは今後さらに強まっていくと考えられる。

▶4.2.2　アウトソーシング子会社への評価
　「まとめ委託」を含めて技術アウトソーシング子会社の実力をどのように評

図5-3 インタビュー質問への回答:「まとめ委託」を推進する理由

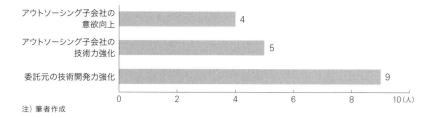

注）筆者作成

図5-4 インタビュー質問への回答:「まとめ委託」領域拡大の可否

注）筆者作成

価しているかについては、「アウトソーシング子会社は「親会社競争力へどのような形で貢献しているか」との10の設問により評価を依頼した。10の設問から3つを選ぶ選択評価方式である。

その結果を**図5-5**に示した。各設問に対して、選択した評価者総人数の多い順でみると、1位が質問No.6.「3次元CAD、CAE（強度解析、熱解析など）などデジタル機器に関する知識および操作習熟度が高く、任せられる」である。そして、2位が質問No.4.「技術人員の過不足に柔軟に対応できる」の評価結果となった。

委託元のメーカーは、アウトソーシング技術者の3次元CAD・CAEなどのデジタル機器の知識・操作習熟度を高く評価している。さらに、技術者人員の過不足への柔軟な対応力を評価し、またそれを強く要求していることが明らかとなった。

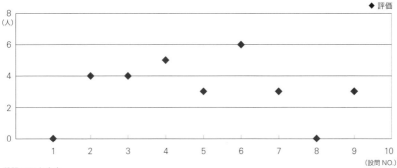

図5-5 インタビュー質問への回答：アウトソーシングによる競争力貢献内容の評価

質問NO.と内容
1. Z社技術者と同等の技術力を保有し、業務対応できる。
2. Z社技術者のサブとして補完的に業務対応できる。
3. Z社技術者の中堅クラスと同等の技術力を保有し、中位レベルの業務対応ができる。
4. 技術人員の過不足に柔軟に対応できる。
5. 概略の設計仕様書で、客先・関連部署交渉から設計、評価そして出図までの一連の業務対応ができる。
6. 3DCAD、CAE（強度解析、熱解析など）などデジタル機器に関する知識および操作習熟度が高く、任せられる。
7. Z社と比較して各種作業の効率化が図られている。
8. 技術者の意欲が高く、難易度の高い業務にも挑戦し、実績を上げている。
9. ローテなどによりZ社担当者無しの業務について、ZT社技術者が熟知し対応している。
10. 組織として設計の勘所を掴む力が高く、Z社への要報告・相談事項と処置事項の判断が正しく遂行できる。

▶ **4.2.3 3次元CAD作業について**

3次元CAD作業とその関連業務の委託元と委託先の役割分担に関して、一連の質問を行った。3次元CAD作業は技術アウトソーシングの主体を成す業務でもあるので、その質問内容、調査結果とその分析などに関しては、別途8章「設計の3次元化とそのインパクト」で述べる。

▶ **4.2.4 設計プロセスと設計知（形式知、暗黙知）に関わる認識について**

技術アウトソーシングにおいて、なぜ役割分担が存在し、また成立するのか、などを調査・分析する目的の質問である。この視点は技術アウトソーシングの研究を進めるうえでアウトソーシング形成論からは非常に重要な視点であるので7章「設計プロセスと設計知識」で詳細を述べる。

5. おわりに

自動車産業におけるアウトソーシングの活用状況について、その概要から委託業務やその評価、今後の進め方などの詳細へと調査を進めてきた。その結果、次の3点が明らかとなった。

(1) 産業構造の頂点に位置する自動車メーカーおよび主要自動車部品メーカー各社では、多くの企業がその企業グループ内に技術アウトソーシング企業を設立している。
(2) グループ内技術アウトソーシング企業各社の業務内容は、3次元CADとその関連業務が主体である。
(3) その中の数社では、一連の設計プロセスをまとめた業務領域を車輌単位や製品単位でまとめ、かつその企業単独で「まとめ委託」として、委託を受けている。

また、別途実施した業務委託・受託を現場で直接管理している実務管理者へのインタビュー調査の結果によれば、推進中の「まとめ委託」の評価は非

常に高いものであった。回答者の全員が、「まとめ委託」の領域拡大に賛成の見解であった。

またグループ内企業技術アウトソーシング企業の数社では、単独にて自ら国内外に拠点を設立し、人材の教育・育成から業務展開システムつくりまで、国際的な技術人材活用の幅広い仕組み作りを展開している。このような動きはアウトソーシング企業の今後の役割をみていくうえで非常に重要なポイントと考えられる。

いっぽう、メーカーのグループ内企業ではない単独資本の技術アウトソーシング企業についても、技術アウトソーシング産業内では重要な役割を果たしていることが明らかとなった。

そこで、次の6章では、この役割の違いに焦点をあてた調査・分析を行っていく。

注

★1 トヨタ自動車は、TTDC（株）（トヨタテクニカルディベロップメント）を2016年1月1日付で再編成し、TTDCが保有している車輌開発や実験、試作などの車輌開発機能を従業員5,000人とともにトヨタ自動車に統合した、と発表。計測機器・情報解析などの開発支援機能はこれまでどおりTTDCが保有。したがって技術アウトソーシングの活用状況は変化していると考えられる。

★2 CAD（Computer Aided Design）：コンピュータを利用して行う機械や構造物の設計製図（立体図形の入力可能な3DCADもある）。

★3 CAE（Computer Aided Engineering）：製品の設計支援システムや、設計した製品のモデルを使って強度や耐熱性などの特性を計算する解析システムなど。

★4 設計プロセス：設計の手順であり、詳しくは第5章3.1「具体的設計のプロセス」を参照のこと。

★5 まとめ委託：一連のプロセスをとりまとめた設計業務の委託であり、詳しくは序章3.4「ものづくりにおける技術業務の流れ」におけるアウトソーシングのステップを参照のこと。

★6 特定の機能実現のために自動車や家電製品などに組込まれるコンピュータシステムを動作させるためのソフトウェア。

★7 機械設計に関する調査および研究、人材の養成などを行うことにより、機械設計技術の向上および機械設計産業の進捗発展を図り、もってわが国経済の発展と国民生活の向上に寄与することを目的として設立された社団法人。会員数：98社（http://www.kogyokai.com/dantai-1.html）（2013.5. 末時点）

★8 空洞化現象：ISのアウトソーシング化でよくみられた現象。委託元が自社のISを変革しようとしても肝心の情報システムの中核部分がどうなっているのかがよく把握できないなどの状況。詳しくは島田達巳（1995）「アウトソーシング戦略」日科技連 P125

★9 技術新規度・変更度：ある製品などの設計に際して、その製品を構成している全体技術のうち、新技術や変更される技術はどの程度の割合を占めるか、を表す。

資料5-1　自動車産業における各企業グループ内での技術領域アウトソーシング企業の位置付け

グループ親企業	グループ内技術アウトソーシング企業		関係企業
	企業名と概要	主な事業内容とその特徴	
日産自動車(株)	(株)日産テクノ ・設立年：1985年 ・社員数：2,284名（2012/4） ・売上高：252億円 ・株主：日産自動車100%	・自動車およびその関連機器の設計・製図の受託 ［デジタルデザインから車体設計・内外装設計、シャシー設計など］ ・電気・電子機器類の設計・製図の受託 ［メーター・スイッチ・オートライトなどの電子システムの設計・開発］ ・その他関係付帯業務の受託 ［車両実験からCAD技術開発など］ ▼ ・車の開発領域業務のほぼ全範囲を担当 ・CADデータ作成は日産グローバルの90%を担当、さらにその上位工程としてCAE解析を実施 ・**車両プロジェクト単位で取りまとめての、単独での設計・開発が可能** ［TEANA、CUBE、TIIDAの各車両の開発実績あり］ ・**海外子会社を設立し、社員の育成・活用から具体的事業活動まで独自に展開している**	日産テクノベトナム(株) ・設立年：2001年 ・社員数：1,742名（2012/8） ・CAD/CAE、他データ作成業務の受託および部品設計業務の受託
トヨタ自動車(株)	トヨタテクニカルディベロップメント(株)(TTDC) ・設立年：2006年（前身のTTSは1982年設立） ・社員数：6,132名（2012/4） ・売上高：620億円 ・株主：トヨタ自動車100%	・自動車およびその関連部品・システムの開発・設計・評価業務の受託 ・電気・電子機器および関連システムノハードからソフトまでの開発・設計・評価業務の受託 ・CAE、関連技術開発およびCAEを応用しての自動車の性能解析、生産技術開発などの受託 ・その他、知財、教育などの関連付帯業務の受託 ▼ ・車両開発全領域の業務を受託可能 ・**量産車開発に100%携わり、車輌プロジェクト単位で取りまとめての設計・開発が可能** ・CAE技術開発においてはトヨタ自動車の中心的存在として数多くの学会発表も実施 ・設計技術情報管理から車輌法規に関する適合確認など、車輌開発のバックオフィス機能を担っている。 注）2016.1.1付けで車輌設計や実験、試作などの車両開発機能はトヨタ自動車本体へ統合となる。	・札幌に開発拠点を設置

マツダ(株)	(株)マツダE&T ・設立：1979年 ・社員数：1,185名（2012/3） ・売上高：110億円 ・株主：マツダ（100%）	・自動車およびその関連部品の設計・開発業務の受託 ［デザイン、ボディ、内外装、シャシーおよびパワトレイン関連の設計・開発］ ・自動車の車両系、パワトレイン系開発におけるCAE解析業務の受託 ・車輌評価業務の受託 ・福祉車両などの特装車などの開発・生産を受託	無し
三菱自動車(株)	三菱自動車エンジニアリング(株) ・設立：1977年 ・社員数：1,400名 ・株主：三菱自動車100%	・自動車およびその関連部品・システムの開発・設計・評価業務の受託 ・電気・電子機器およびその関連システムの開発・設計・評価業務の受託 ・自動車の製造に関する工法・設備計画および型・冶工具・機械類の設計業務の受託	無し
本田技研(株)	(株)PSG ・設立：1987年 ・社員数：1,346名（2012/4） ・株主：本田技研100%	・自動車およびその関連機器の開発・設計・評価業務の受託 ［CADでの3次元データ化を基本に、配置・組み付け検討およびCAE解析業務を受託］ ・IT環境の管理業務の受託	無し
富士重工業(株)	富士テクノサービス(株) ・設立：1985年 ・社員数：549名（2011/4） ・売上高：36億円（2010/3） ・株主：富士重工業100%	・自動車、航空機、汎用エンジン、環境機器などの設計、研究実験などの業務の受託 ［エンジン、トランスミッション、シャシー、ボディなどの開発・設計が主体］	無し
ダイハツ工業(株)	(株)ダイハツテクノ ・設立：1996年 ・社員数：365名（2012/3） ・売上高：25.8億円（2012/3） ・株主：ダイハツ100%	・車づくりの生産ライン設計、生産開発などの生産技術業務の受託 ・自動車のボディ設計・開発業務の受託 ・CAD、PCを中心としたインフラ整備とシステム運用などの支援業務の受託 ・自動車およびその関連部品・システムの設計・開発を実現できる技術者の派遣 ［デザイン、ボディ設計、シャシー設計、電子関連部品設計からCAE解析、実験評価まで、その業務範囲は多岐にわたる］	無し
スズキ(株)	(株)ベルアート ・設立：1986年 ・社員数：91名（2012/4） ・株主：スズキ100%	・四輪車車輌開発のボディ部品および内装部品の設計・開発業務を受託 ・車輌開発全般のCAE解析業務の受託	無し
いすゞ自動車(株)	いすゞエンジニアリング(株) ・設立：1984年 ・売上高：35億円（2012/3） ・株主：いすゞ100%	・自動車およびその関連機器の設計・開発・製図業務の受託 （応用車・派生車の車輌レイアウトから各部品の設計などの車両設計、ワイヤハーネス設計、配管設計、コントロール部品設計、キャブ設計などを受託） ・車輌開発全般のCAE解析業務の受託 ・その他関連業務の受託（補給部品設定、国内認証業務など）	無し

UDトラックス(株)	(株)DRD ・設立：1980年 ・社員数：520名 （2013/1） ・売上高：45.7億円 （2012/12） ・株主：UDトラックス100%	・トラックの設計・開発にともなう性能検討から3DCADによる詳細設計、図面作成、CAE解析などの一連の設計業務を受託 ・車両実験、パワトレイン実験などの評価業の受託	
カルソニックカンセイ(株)	シーケーエンジニアリング(株) ・設立：1989年 ・社員数：645名 （2011/3） ・売上高：55億円 （2010年度） ・株主：カルソニックカンセイ100%	・カルソニック カンセイが開発・製造している、コックピットモジュール、フロントエンドモジュール、エキゾーストシステムなどの主要コンポーネントの設計・開発業務を受託 [3Dモデリング、CAE解析、実験・評価を主体に設計を実施] ・電子機器システムのソフト・ハードの開発・設計業務を受託 ▼ ・海外子会社を設立し、社員の育成・活用から具体的事業活動まで独自に展開	CKE上海 ・設立：2002年 ・社員数：136名 （2011/3） ・主な業務 ソフト開発、CAE解析、3Dモデリング、製品設計
ジヤトコ(株)	ジヤトコ エンジニアリング(株) ・設立：1989年 ・社員数：820名 （2013/4） ・株主：ジヤトコ100%	・ジヤトコ(株)が設計・開発・生産する製品の設計・実験評価 ・上記製品に関する3DCADデータ入力およびCAE解析	無し
愛知機械工業(株)	(株)アイ テクニカ 設立：1991年 社員数：97名 （2012/4） ・株主：愛知機械工業100%	・愛知機械工業(株)が設計・開発・生産するエンジン、トランスミッションの設計開発を中心に、企画・構想から詳細設計、実験評価までをトータルにサポートする ・CAE解析、3DCAD入力	無し
アイシン精機(株) アイシンA・W(株)	アイシン・エンジニアリング(株) ・設立：1985年 ・社員数：1,176年 （2012/3） ・売上高：97.9億円 （2012/3） ・株主：アイシン精機&アイシングループ各社100%	・自動車、生活・産業機器、生産設備周辺機器の設計業務を受託 ・自動車では、ナビなどの情報関連機器、ボディ関連、ブレーキおよびシャシー関連、ドライブトレイン関連などの機器類の設計・開発業務を受託	無し
	アイシン・コムクルーズ(株) ・設立：2007年 ・社員数：422名 ・売上高：61億円 （2012/3） ・株主：アイシン精機&アイシングループ各社100%	・駆動系、車体系、ITS系の組込みソフトウェアの開発・設計業務を受託 ・上記技術に関するハードウェアの開発・設計業務を受託	・盛岡、福岡の各地方都市に設計拠点を設置。
(株)豊田自動織機	豊田自動織機エンジニアリング(株) ・設立：2003年	・(株)豊田自動織機が設計・開発・生産製品の開発・設計に関連する業務および生産技術業務の受託	無し

トヨタ紡織（株）	（株）TBエンジニアリング ・設立：2002年 ・社員数：219名（2012/3） ・売上高：11.3億円（2012/3） ・株主：トヨタ紡織100％	・トヨタ紡織（株）が設計・開発・生産している自動車用の、座席シート、ドアトリム、天井などの内装部品に関連する設計・開発、実験評価・解析などの業務の受託 ・上記製品の設計・開発に関連するCAE解析業務の受託	
（株）ジェイテクト	豊ハイテック（株） ・設立：1960年 ・社員数：249名（2012/4） ・売上高：22.8億円（2012/3） ・株主：ジェイテクト100％	・工作機械に関連する一連の機械設計、電機制御設計、ソフトウェア開発の業務の受託 ・工作機械のマニュアル・カタログなど各種ドキュメント作成業務の受託 ・FA系、OA系などの各種ソフトウェア開発・設計業務の受託	無し
豊田合成（株）	TGテクノ（株） ・設立：2009年 ・社員数：188名 ・株主：豊田合成80％、豊田IM20％	・豊田合成（株）が設計・開発・生産している自動車部品の設計・開発業務およびその生産のための金型設計業務を受託	無し
（株）デンソー	（株）デンソークリエイト ・設立：1991年 ・社員数：230名（2012/4） ・株主：デンソー100％	・（株）デンソーが設計・開発・生産する自動車用の製品組込みソフトウェアの設計・開発業務の受託 ・ソフトウェア開発環境支援システムの開発・設計 ・ソフトウェア開発の技術教育のサポート	無し
	デンソーテクノ（株） ・設立：1984年 ・社員数：2,327名（2012/4） ・売上高：413億円（2011年度） ・株主：デンソー100％	・（株）デンソーが設計・開発・生産している製品・システムなどに関する量産開発・設計業務を主に受託 ［機器設計からソフトウェア、電子回路まで幅広い技術領域をカバー］ ・上記製品の設計・開発に関連するCAE解析業務の受託 ・各製品・システムを構想設計から詳細設計まで一連のプロセスをまとめて業務受託が可能 ▼ ・製品単位で構想から詳細まで一連のプロセスをまとめて単独での設計・開発が可能 ・海外子会社を設立、社員の育成・活用から具体的事業活動まで独自に展開	デンソーテクノフィリピン（株） ・設立：2005年 ・社員数：160名（2012/4） ・自動車用製品組込みソフトウェアの設計・開発業務の受託 福岡に設計拠点を設置

出典：各社H/Pの記載内容（2013年8月〜9月）基づき筆者が作成［日産テクノ (http://www.nissan-techno.com/company/index.html)、TTDC (http://www.toyota-td.jp/)、マツダE&T (http://www.mspr.co.jp/activity/index.html)、三菱自動車エンジニアリング (http://www.mae.co.jp/)、PSG (http://www.psg.co.jp/)、富士テクノサービス (http://www.fts.ne.jp/)、ダイハツテクノー (http://daihatsu-techner.co.jp/)、ベルアート (http://www.bellart.co.jp/engineering/index.htm)、いすゞエンジニアリング (http://www.isuzu-iec.co.jp/)、DRD (http://www.ndrd.co.jp/index.html)、シーケーエンジニアリング (http://www.ckeng.co.jp/)、ジヤトコ エンジニアリング (http://www.jatcoeng.co.jp/)、アイ テクニカ (http://www.aitecnica.jp/)、アイシン・エンジニアリング (http://www.ai-e.co.jp/)、アイシン・コムクルーズ (http://www.aisin-comcruise.com/index.html)、豊田自動織機エンジニアリング (http://www.tje.jp/overview/index.html)、TBエンジニアリング (http://www.tb-eng.co.jp/)、豊ハイテック (http://www.yutaka-ht.co.jp/)、TGテクノ (http://www.tg-techno.co.jp/)、デンソークリエイト (http://www.denso-create.jp/)、デンソーテクノ (http://www.densotechno.co.jp/)］

6章

技術アウトソーシングの構造、その特徴
―― グループ系企業と独立資本系企業の違いの視点

1. はじめに

　前章では、自動車産業における技術アウトソーシングの活用状況について調査・分析し考察を行った。そして、グループ内の技術アウトソーシング企業を主体とする活用状況について、次のような特徴を明らかにした。

① 自動車メーカーおよび主要自動車部品メーカー各社では、多くの企業がその企業グループ内に技術アウトソーシング企業を設立している。
② 委託業務内容は、3次元CADとその関連業務が主体である。
③ グループ内技術アウトソーシング企業では、各車両単位や製品単位で一連のプロセスを取りまとめての「まとめ委託」がおこなわれており、また増加の傾向がみられる。
④ メーカーの資本系列には属さない単独資本の技術アウトソーシング企業も、重要な役割を果たしているが、委託される業務は部分的に小さく切り出された「部分委託」が主体である。

　そこで本章においては、グループ内技術アウトソーシング企業と単独資本の技術アウトソーシング企業の役割の違いに焦点をあて、この視点から技術アウトソーシングの構造分析を行う。

2. 技術アウトソーシングの特徴

技術アウトソーシングの特徴を、企業グループ内技術アウトソーシング企業と単独資本技術アウトソーシング企業の役割の違いの視点から整理すると、次の3点となる。

① ヒエラルキー構造の形成

自動車メーカーおよび一次自動車部品メーカーを頂点としている。そして、それぞれのグループ内技術アウトソーシング企業、さらに独立資本技術アウトソーシング企業の順に、業務の流れに沿って上下に階層的につながるヒエラルキー構造を形成している。

また独立資本の技術アウトソーシング企業は一次自動車部品メーカーのグループ内アウトソーシング企業を主取引先としているが、さらに自動車メーカーとも取引を行っている。

② 3段階に分かれた企業設立年代

企業設立の年代は、大きく次の3段階に分かれている。

- 第1段階：1960年前後（工機設計の受託を目的とした独立資本企業の設立）
- 第2段階：1980年前後（自動車産業内での各メーカーによるグループ企業設立の第1段階）
- 第3段階：1995年前後（組込みソフト設計を主目的とした、主力自動車部品メーカーによるグループ企業設立の第2段階）

③「まとめ委託」と「部分委託」の違い

5章で説明したように、委託業務の内容はグループ内企業と独立資本企業には大きな違いがみられる。グループ内企業においては、車両単位や製品単位で一連のプロセスを委託する「まとめ委託」が実施されている。いっぽう、独立資本企業では、一連のプロセスから部分的に小さく業務を分割した「部分委託」業務が主体である。

以上の3点が技術アウトソーシングの特徴であるが、はじめに ③「まとめ委託」と「部分委託」の違いについて考察を加えていく。なお、①「ヒエラルキー構造の形成」については次節3に、②については4節に、それぞれ分けて詳細な考察を述べる。

　「まとめ委託」と「部分委託」の違いについては5章で説明を行ったが、考察を深めるために再び同一の図5-2を用いて確認を行う。参考のために、5章で示した図5-2を再度示した。

　独立資本のアウトソーシング企業が、自社のホームページで説明している開発支援の業務とは、部分的に小さく切り出された委託業務であり「部分委託」と呼んでいる。具体的には図5-2に示したように、構想設計から、基本設計、詳細設計、図面作成と続く一連の業務から設計プロセスや構成部品の切り口で部分的に小さく切り出された業務である。つまり、業務の役割としては、「基本設計」を実施した設計技術者の補助業務であり、メーカー設計者のサポート業務である。

　いっぽう、車輌単位や製品単位での一連のプロセスを委託する「まとめ委

参考：図5-2
設計における業務の流れと「まとめ委託」と「部分委託」による委託範囲の違い

企画・構想設計 →	基本設計 →	詳細設計 →	図面作成 →	試作評価 →	生産設計
	部分委託	←→ ←→	←→ ←→ ←→	←→	
	まとめ委託 ←————————————→ Ⅰ				
	←——————————————————→ Ⅱ				
	←————————————————————————→ Ⅲ				
企画・構想設計	市場調査や顧客要求仕様に基づき製品の機能を明確化し、その機能を実現させる技術の方策を検討立案、製品の物理的構成を実体化した「計画図」を作成する工程。				
基本設計	「計画図」を基に、基本的な性能を検討し詳細化する工程。				
詳細設計	基本設計を基に、細部にわたる設計を行う工程。				
図面作成	詳細設計までの工程で決められた各仕様を図面として実体化する工程。				
試作評価	図面に基づいて製作された試作品を性能評価して、生産移行の可否を確認する工程。				
生産設計	製品の加工・組立てなどの製造工程および関連機械類を設計する工程				

注）筆者作成

託」は、5章で述べた実務管理者へのインタビューで明らかになったように、「企画・構想設計」をベースに「基本設計」「詳細設計」「図面作成」「評価」を含む一連の業務である。参考に示した**図5-2**では、その業務範囲を示す例として、詳細設計から図面作成までのⅠ、基本設計から、図面作成、試作評価までのⅡ、Ⅲを示した。

業務の役割としては「部分委託」とは異なり、設計者の構想設計に基づいて、基本設計、詳細設計、図面作成と連続して具体的に設計を実体化していくという、設計の主体的役割を果たしているといえる。そして、その一連の業務を技術アウトソーシング企業が自身の技術力、業務管理力に基づいた総合力にて対応することに特徴があると言える。

グループ内技術アウトソーシング企業と単独資本の技術アウトソーシング企業による、この委託業務の質の大きな違いの発生原因については、次の7章「設計プロセスと設計知識」で理論的考察を加える。

次に、グループ内企業と独立資本企業との比較視点から見えてきた他の2つの特徴について、その詳細を述べていく。

3. ヒエラルキー構造

3.1 その構造と役割分担

まず3章の調査結果から見えてきた、自動車産業における技術アウトソーシングの構造を図6-1に示した。**図6-1**では製品の取引関係を破線（- - - -）で示し、技術アウトソーシング業務での取引関係は実線（──）で示した。

図6-1からは、自動車メーカーを頂点としたピラミッド構造が、技術アウトソーシングにおいてもみられる。

具体的には、自動車メーカーおよび一次自動車部品メーカーを頂点とし、それぞれのグループ内企業、そして独立資本企業と、上下に階層的につながるヒエラルキー構造を形成している。

先に述べたように、自動車メーカーや一次自動車部品メーカーのグループ

内技術アウトソーシング企業では、車輌単位や製品単位での一連のプロセスの委託を、「まとめ委託」としてまかされる技術力・管理力を備えた企業が存在している。そして、国内地方拠点の設立、海外拠点の設立・運営までを担う企業がみられる。

つまり、その役割においては前にも述べたように基本設計から後の工程を全て担う、文字通りの設計の主体的役割を果たしている。

いっぽう、そのグループ内アウトソーシング企業から業務の委託を受ける独立資本アウトソーシング企業では、自社の技術力に応じて、その一部分の委託を受ける「部分委託」の役割分担の構造となっている。

図6-1 技術アウトソーシングの産業構造図

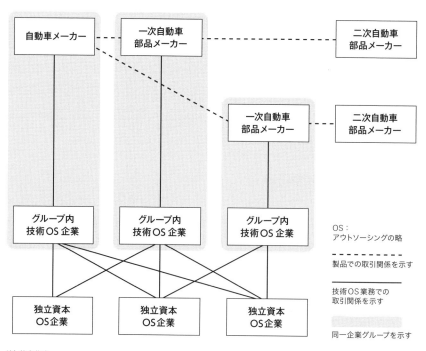

注）筆者作成

3.2 需要変動への対応のしくみ

　また、このヒエラルキー構造が形成される背景としては、景気変動にともなう技術業務量変動への対応の仕組みが存在する。つまり、景気変動にともない開発車種の増減などにより技術業務量は大きく変化する。具体的には、自動車メーカーが意図する開発車種計画数の増減は、技術業務量の変化として自動車メーカー自身そして一次部品メーカー、二次部品メーカーへと波及していく。

　そして、その変動をグループ内技術アウトソーシング企業が、さらに独立資本アウトソーシング企業が、技術者人員数の増減として対応する構造となっている。より具体的には、ヒエラルキー構造の最後に位置する独立資本アウトソーシング企業が、その変動の多くの部分を吸収する構造が形成されている。

　この技術アウトソーシングでのヒエラルキー構造とその役割の関係は、ISサービス産業における関係と、ほぼ同一と考えられる。なお、ISサービス産業でのヒエラルキー構造に関する先行研究内容については、3章「アウトソーシングをめぐる先行研究の到達点と課題」の2.3「プロセス論的アプローチ」の⑧その他、において述べた。

　そして、この技術アウトソーシングにおける構造と需要変動対応への役割の関係は、5章3.1「トップ・インタビュー訪問」で述べた主要独立資本企業への社長インタビューでの回答からも明らかである。各独立資本企業は、この構造と役割の関係を充分に認識して、それぞれの事業活動を展開している。

　そして、その認識は各独立資本企業の企業行動として、得意先企業数の多さとして明確に表れている。「トップ・インタビュー訪問」を行った3社を具体例として検証する。各社ホームページからの調査結果では、従業員数と得意先企業数との関係では、約1,400名の社員数で得意先は35社以上、約600名で10社以上、約260名で27社以上である。

　各社毎に得意先1社当たりの社員数の単純平均値でみると、10～60人［社員数／得意先数］と開きがあるが、得意先1社当たりの社員数としては小人数と言わざるを得ない。

　その理由は、業務管理や人事・労務管理など管理コストの視点からは、技

術アウトソーシング企業においては、得意先1社当たりの人数は約30〜40人以上が望ましいからである。この得意先あたりの人数は、独立資本アウトソーシング企業トップへのインタビュー訪問で得られた情報である。

4. 段階的企業設立の背景

次に、本章2.「技術アウトソーシングの特徴」の②で示したように、独立資本企業とグループ内企業の全体を見渡した場合に、企業の設立年代が大きく3段階に層別されることについて考察を加える。

4.1 独立資本技術アウトソーシング企業の設立——1960年代

よく知られているように、日本経済は1950年代中ごろから1970年代初めにかけて（対前年増加率で）平均10％に及ぶ実質経済成長率を記録し、「高度経済成長」と呼ばれる時代を形成した。また、民間設備投資の対前年増加率をみても、年度により増減はあるものの1950年代中ごろから1970年代半ばの期間では30％前後の非常に高い割合であった。

この民間設備投資の対前年増加率の高さは、工作機械、組み付け機械、治具・工具類などの工機関連の設計・開発・生産・販売の需要が年々大きく増大していたことを意味している。その結果として、この需要を狙いとした、機械設計・製図業務の請負企業の設立が増大したと考えられる。この事実は、5章3.1.で述べた日本機械設計工業会に所属する数社の企業が開設しているホームページでの企業概要紹介にもみられる。例えば、1955年設立の(株)中央エンジニアリング[1]のホームページでは、「航空機の治工具設計が創業の原点」の記載がみられる。また、1976年設立のエース設計産業(株)[2]のH/Pでは「各種産業機械の設計製図を主力とし創業」の記載がみられる。

そして、日本機械設計工業会所属の多くの企業は現在の業務内容として、各社のホームページにおいて「3次元CADデータ入力」「自動車関連部品の設計・開発」を掲げている。

この過去と現在の事業内容から、工作機械関係業務受託を目的として、1960年代頃より設立された独立資本の技術アウトソーシング企業は、現在その多くは業務分野を自動車および自動車関連部品の設計・開発業務の受託へと展開・拡大している、ということが見えてくるのである。

4.2　自動車産業内でのメーカーによるグループ企業設立の第一段階　——1980年前後

▶4.2.1　輸出台数増加による技術業務量の増大

　前節で述べた、独立資本企業の「自動車関連への業務拡大」は1970年前後から開始された。この時期に自動車産業界では北米を中心とした輸出台数が急激に拡大し、1970年から1975年の5年間で、その増加率は45%以上に達している（吉田信美2008）。したがって、自動車産業界では各企業・各部門での技術業務量が急拡大し、その対応として、独立資本の技術アウトソーシング企業への業務委託ならびに技術者の派遣要求を拡大していったと推測される。

　ちなみに、4章2「アウトソーシング業界の枠組み」で技術者派遣の中心企業として紹介した、東海地区に主要拠点を構える（株）メイテック[★3]の設立は1974年である。この設立年代も、自動車業界からの技術者人材への需要の高まりが背景にあることは容易に想像されることである。

　このような自動車業界における技術業務量の拡大、技術者の不足、技術業務の外部委託の増加などを受けて、自動車メーカーおよび自動車部品メーカー各社においては、自社グループ内での技術アウトソーシング企業の設立が実施されていったと推定される。

　そして、その自社グループ内での技術アウトソーシング企業は、先に述べたように自動車メーカーでは1980年前後、主要自動車部品メーカーでは1985年前後に設立されていった。

▶4.2.2　企業史からの子会社設立背景の調査

　自動車メーカー、主力自動車部品メーカーによるグループ内技術アウトソー

シング企業設立の背景については、上に述べたように推定の域を出ていない。設立の背景の核心に迫るべく、自動車メーカー各社の企業史の調査を行った。しかし、乗用車メーカー7社、商用車メーカー2社の企業史を調査したが、技術アウトソーシング子会社設立の経緯、背景などに触れているのは2社のみであった。そして、その内容も以下に示すように、設立の事実に関して簡単に言及しているだけである。

　具体的には、『富士重工業50年史（1953～2003年）六連星はかがやく』においては、1985年3月設立の富士テクノサービス（株）に関して、他企業と「～グループ経営基盤確立の布石として、関係会社を相次いで設立した」との記載である。

　さらに、1988年7月に社名変更して設立された三菱自動車エンジニアリング（株）に関しては、1993年発行の『三菱自動車工業株式会社史』において次のように述べられている。「開発・設計業務を補完するエンジニアリング会社として発足～、～コンポーネント開発設計、特装車開発設計、海外サービス支援などに業務拡大」との記載である。

　また、主力自動車部品メーカーでは企業史そのものの発行が限定されており、（株）デンソー、アイシン精機（株）、（株）豊田自動織機などごく少数の企業だけである。そして、いずれの企業史においても、技術アウトソーシング子会社設立の記載はみられるが、設立の経緯・背景などの記載は認められなかった。

　そこで目を転じて、1969年から多くの子会社の分社設立をスタートした日本電気（株）（下谷政弘2006）をはじめ、富士通、三菱電機など電機業界の企業史より、技術アウトソーシング子会社設立の経緯、背景の調査を実施した。その結果、1962年2月設立の三菱電機（株）の技術アウトソーシング子会社菱電エンジニアリング（株）（三菱電機エンジニアリング（株）の前身）に関して、その設立の背景と目的の明確な記述が認められた。

　それは、『三菱電機エンジニアリング30年史』において次のように述べられている。

▶ 4.2.3 三菱電機エンジニアリング（株）企業史にみる会社設立の背景

　三菱電機エンジニアリング（株）は資本金10億円、従業員数5,134名（2015年4月1日現在）売上高約1,000億円（2014年度）の三菱電機（株）が全額出資する、日本を代表する技術アウトソーシング企業である。その事業内容は三菱電機（株）向け開発・設計を主体として、電子機器設計ソリューション、e-ソリューション＆サービス、産業・FAシステム、映像・冷熱応用機器製品を生産提供している（三菱電機エンジニアリング（株）ホームページ http://www.mee.co.jp/index.html）。

　つぎに、『三菱電機エンジニアリング30年史』における企業設立に関連する記載内容を示す。

　「昭和36年頃の経済産業界は、いわゆる岩戸景気の成熟期にあたり、政府の所得倍増計画や新道路5カ年計画が策定された時代であった。経済の急激な成長にともない設備投資が急増して、電機業界はきわめて繁忙であった。工場設備の生産能力の拡充もさることながら、激増する需要に見合って設計部門の技術陣容を強化することは容易ではなく、設計製図の遅延が生産の隘路となっていた。こういう悩みは各企業とも共通しており、その対策の1つとして、企業自ら設計製図を専門とする会社を設立し、自社で長年の経験のある技術者を移籍してそのグループ外への流出を防ぐとともに、新規採用の人材を育成して技術陣容の拡充をはかる動きが出てきた。設立目的に多少の差異はあるが、日立エンジニアリング、東芝エンジニアリング、西菱エンジニアリングなどである」。

　先に述べたように、菱電エンジニアリング（株）の設立は1962年である。本書が対象としている自動車産業での技術者需要増の動向は1970年代から1980年代に焦点をあてており時代が多少異なっている。しかし、1980年代の自動車メーカーおよび自動車部品メーカーでの技術アウトソーシング企業の設立の背景には、上記の電機産業と同様な考え方があったのではないか、と推定される。

　その理由としては、1980年代の経済状況としては、言うまでもなく日本経済はバブル景気への突入段階にある。また、自動車産業界は、北米を中心とした輸出台数が1970年から1975年の5年間で45％以上増加し、さらに総生

産台数では同じ期間で529万台から694万台と30％も大幅に増加している（ちなみにアメリカ自動車産業の総生産台数は828万台から899万台と停滞している）。つまり、自動車産業界では、国内および北米市場のニーズに対応するための開発車種の増加と、これに対する技術的開発力の不足とくに設計製図部門の人員不足が、各メーカーの大きな課題となっていたと推測される。そして、1970年代から1980年代の自動車産業界各社が、『三菱電機エンジニアリング30年史』に記載されている設立時の社会情勢、その対応の考え方等を先行事例として調査・分析し、参考としたことは充分に考えられるからである。

これより、自動車メーカー、主要自動車部品メーカーによる技術アウトソーシング子会社設立の狙いは、設計部門の技術陣容の強化を、自社自らの手で人材の採用・育成から幅広い視野で実施することにあったと推測される。そして当初の具体的目的・役割としては、①設計製図を専門とする技術者人材の育成 ②経験技術者のグループ外流出防止にあったと考えられる。

4.3 自動車産業内でのメーカーによるグループ企業設立の第二段階——1995年前後

▶4.3.1 ソフトウェア設計関連の子会社設立

1989年設立のカルソニックカンセイ（株）の子会社シーケーエンジニアリング（株）、1991年設立の（株）デンソーの子会社（株）デンソークリエイトなどが、この範疇である。

なお、新会社設立ではなく既設の技術アウトソーシング子会社が新たな業務領域として、このソフトウェア設計業務に対応した動きもみられる。その具体例としては、アイシン精機（株）の子会社アイシンエンジニアリング（株）や、（株）デンソーの子会社デンソーテクノ（株）などである。ただし、その既設の技術アウトソーシング子会社が、新たにソフトウェア設計業務に対応した年代を明確に把握することはできなかった。

このような動きの背景は、1970年代以降での顕著な自動車における電子化の進展である（香月2013）。この電子化の進展は、さらに1990年代のカーナビゲーションをはじめとした自動車の情報化により、その勢いは一段と加速し

た。現在の高級車では、マイコンが車1台当たり約100個搭載される時代となっている。それにともないマイコンを動作させるためのソフトウェアの量も加速度的に増大していった。そして、製品の設計・開発段階において、ソフトウェア設計への対応が量・質さらに機密保持などの観点から、最重要課題の1つとなっていった。

この対応策の1つとして、ソフトウェア設計・開発関連を専業とする技術アウトソーシング企業が自社グループの子会社として設立されていった。そして、この動きはIT関連企業の活発な海外活用の動きと連動しながら、グループ内技術アウトソーシング企業自身による廉価で優秀な海外技術者の活用、つまり海外関連企業設立などに具体的に発展し展開されている。

▶4.3.2 ソフトウェア設計の特異性

このソフトウェア設計に関する事業展開の流れを理解するには、ソフトウェア設計・製造の工程が従来の「ものづくり」の概念とは大きく異なることを知る必要がある。その違いは大きく2点あり、次に簡単に説明する。

第1点は、ソフトウェアにおいては従来の「ものづくり」の考え方に基づく、目に見える実態としての「もの」が存在しない。つまり、「もの」を作る工程が存在しない。従来の考え方や呼び方では「製造工場」「製造工程」と呼ばれる、多くの機械が設置され、多くの作業員が部品の加工や組み付けなどを行う場所や工程が存在しないのである。

それに代わるものが、コーディングと呼ばれる作業である。コーディングは一般的には、ソフトウェアの仕様をプログラムで実現するプログラミング作業の中でも、とくにプログラム設計を行い導き出されたアルゴリズムを、プログラミング言語を用いて符号化する作業のことをさしている。

第2点は、従来の「ものづくり」とコーディングとの違いは、その作業実施者自身と作業の自動化（機械化）度にある。具体的には、コーディングの作業実施者には、情報工学の基礎知識と実際に取り扱うプログラミング言語の詳細な知識が要求される。つまり、技能者ではなく、知識を備えた技術者が必要なのである。従来の「ものづくり」では、ほとんどの組み立て作業は単純作業の積み重ねであり、繰り返しであり、専門工学知識は要求されなかったの

である。

　さらに、コーディングの自動化率は非常に低く、ソフトウェア仕様やプログラミング言語により違いはあるが、一般的に自動化率は10～20％といわれている。つまりほとんどが技術者自身による手作業である。この2つが従来の「ものづくり」との大きな違いである。

　そして、先に述べた自動車の情報化、各種システムの自動制御化などにともなうソフトウェア量の加速度的な増大は、このコーディング作業量の爆発的な増加として各自動車メーカー、自動車部品メーカーの大きな課題となっていった。また現在も依然として大きな課題の1つとなっている。

　この作業量の爆発的な増大にともなうIT技術者需要増と日本における人件費上昇の課題解決策として、低賃金で優秀な大卒IT技術者を育成している東南アジア諸国が注目され、グループ内技術アウトソーシング企業がその活用を目的として諸活動を展開しているのである。

5. 技術アウトソーシング企業の役割
　　　──「設計補助」と「設計分担」の違いの視点

　自動車産業における技術アウトソーシングの構造とその特徴について述べてきたが、本節では本書のテーマである技術アウトソーシングの役割について考察を加える。

　自動車産業内の各社がグループ内に技術アウトソーシング子会社を設立するにいたった経済環境やその設立の目的については、本章4.2.3において、『三菱電機エンジニアリング30年史』の記述内容を参考にして考察を行った。

　それによれば、グループ内技術アウトソーシング子会社の設立目的そして役割は、「自社内で設計製図の技術者を育成し、技術陣容強化の一翼を担う」であったと考えられる。つまり設立当初の役割は「設計補助」である。

　また、今まで述べてきたように現在の活動内容は、車輛単位や製品単位での一連のプロセスを委託する「まとめ委託」が実施されている。この委託形態はもはや会社設立時点の「設計補助」ではなく、実質的「設計分担」と考え

られる。

　具体的には、現在の活動は、委託元における一連の設計業務の流れの一部分を分けて受け持ち、分担していると考えられる。そして、その分担範囲は、「まとめ委託」と呼べる一連の流れへと広がっていったと考えられる。

　この役割の違いを、あらためて本章2．「技術アウトソーシングの特徴」に示した、**図5-2**「設計における業務の流れと「まとめ委託」と「部分委託」による委託範囲の違い」による委託範囲の違い」で考察する。

　図5-2から分かることは、「部分委託」は文字どおり設計の流れの一部を部分・部分に細切れにしての委託である。この「部分委託」においては、委託側設計者が切り出し、そして点検して受領する手間暇は、細切れであるがゆえに、合計すると膨大な時間となる。そして、一連の設計プロセスは全て設計者が担っており、技術アウトソーシングの役割は「設計補助」と言わざるを得ない。

　いっぽう、一連のプロセスをまとめて委託する「まとめ委託」は、「企画・構想設計」から「基本設計」「詳細設計」「図面作成」へと続く設計工程において、「企画・構想設計」を除くほとんど全ての設計工程が委託されている。委託先の役割としては、業務を分担し、実質的な設計主体として設計を推進している。すなわち、技術アウトソーシングの役割としては、「設計補助」から「設計分担」へと変化していると考えられる。

　以上述べてきた「まとめ委託」による技術アウトソーシングの役割変化は、委託元の自動車メーカーや主要自動車部品メーカーからの視点では次のように言えると考える。

　技術アウトソーシング子会社による「まとめ委託」実現前には、委託元であるメーカー内で製品設計を担当する技術部は、新規開発製品から類似製品設計までの全製品について、企画・構想設計からの全設計工程を担当していた。

　しかし、「まとめ委託」の実現により、グループ内技術アウトソーシング子会社が基本設計以降の工程を担当できる外部の技術部として成長し、類似製品の設計業務などのアウトソーシングが可能となった。これにより、同一企業グループとしての設計技術人員の強化が図られ、委託元メーカーの技術部は製

品競争力の根幹である「企画・構想設計」のさらなる強化が実現可能となっている。

さらに「設計補助」の役割は、グループ内技術アウトソーシング子会社と独立資本技術アウトソーシング企業の双方が担う構図となり、需要変動や技術難易度の対応力が向上していると考えられる。

6. おわりに

本章では、技術アウトソーシング構造の特徴として、①ヒエラルキー構造の形成 ②3段階に分かれた企業設立年代 ③「まとめ委託」と「部分委託」の役割の違いの3つをとりあげ考察を加えてきた。

さらに、この3つの特徴を総括し、自動車産業における技術アウトソーシングの役割とその変化について明らかにした。

自動車メーカーや主要自動車部品メーカーがグループ内技術アウトソーシング子会社を設立して約30年が経過したが、その間に自動車関連技術も大きく変化してきたといえる。

技術アウトソーシング企業は、当初の企業設立の役割を果たすとともに、大きな技術変化に対応しながら成長していった。そして、設計技術力・業務管理力などを構築して「まとめ委託」推進の役割を担える段階に達している。

ただし、技術アウトソーシング企業の内部構造をみると、グループ内企業と独立資本企業との間には役割の違いがあり、大きくは「まとめ委託」と「部分委託」に分かれることが明らかとなった。この大きな違いは、設計活動そのものに起因するとみられる。

設計は、自然界には存在しない人工物を具現化するという人間のきわめて創造的な行為であり、設計を担う設計知は、人から人への伝達が難しい暗黙知が主体をなしている。すなわち、設計に関わる暗黙知は、過去にその設計活動を経験した人間が個人の知識とし保有しており、その継承には、本人の移動や、積極的継承活動の展開が必要な条件となる。

それゆえ、「まとめ委託」を担うのはグループ内企業に限定され、独立資本

企業ではその仕組みの構築が難しく「部分委託」を余儀なくされているとみられる。

以上をふまえて、次の7章においては、この「まとめ委託」と「部分委託」の役割の違いについて、原点である設計行為にまでさかのぼり考察を加えていく。

注

- ★1 （株）中央エンジニアリング　設立：1955年、社員数：472名（2012/3）、売上高：39億円、業務内容：航空機・自動車関連部品の設計・開発
- ★2 エース設計産業（株）設立：1976年、社員数：170名（2012/3）、業務内容：機械設計、電機設計業務の請負
- ★3 （株）メイテック　設立：1974年、社員数：6,786名（2015.3末）、売上高：821.25億円（2015年3月期）事業内容：技術者派遣、東証1部上場

7章

設計にみる知識のダイナミズム

1. はじめに

　前章では、技術アウトソーシングの構造について、特徴さらに設立背景にまでふみこんで考察を加えた。さらに、グループ内技術アウトソーシング企業と独立資本技術アウトソーシング企業の役割は「まとめ委託」と「部分委託」に大別されることを明らかにした。
　これをふまえて本章では、技術アウトソーシング企業により役割の違いが発生する要因について、設計プロセスや主な設計活動にまでふみこんで考察を行う。
　さらに、その違いは設計知としての暗黙知を活用する度合が各設計プロセスにより変化することに起因する、との仮説を構築するとともに、この仮説を設計現場での実務管理者インタビューにより立証していく。
　また、設計に関わる暗黙知の継承の仕組みは、グループ内技術アウトソーシング企業と独立資本技術アウトソーシング企業では異なり、その仕組みの違いが、暗黙知の保有レベルの違いとなって表れていることを明らかにしていく。

2. 設計における暗黙知の重要性

　設計は、自然界に存在しない人工物を具現化するきわめて、創造的な行為である。なぜなら、具現化したい人工物の要求仕様を実現するには数多くの

方法が考えられ、その方法毎に具現化の達成度もその問題点も全てが異なる。しかし、その中でどの方法が実現の可能性が高いかを検証し、見極め、決定していかなければならないからである。

　その見極めには、過去の開発経験に基づいたノウハウが重要であり、これに加えて幅広くかつ深い工学的知識が必要となる。過去の作業を通じて生み出され設計者の個人的な知識として体得されたノウハウ、いわゆる暗黙知、が重要な役割を果たしている。さらに、それに加えて幅広くかつ深い工学的知識が必要で、暗黙知を内的に検証し確かなものにする役割を担っているとみられる。両者を統合した設計のノウハウと知識（いわば「設計知」）は設計活動を通して体得される。

　しかし、独立資本アウトソーシング企業には、創造的な行為である設計業務に必要不可欠な「設計知」とりわけ暗黙知を修得・継承する仕組みが、その企業構成から、存在しない。したがって、独立資本アウトソーシング企業では一連の設計業務の「まとめ委託」を遂行することが難しいと考えられる。

　以上より、「まとめ委託」と「部分委託」との役割の違いが生じる大きな要因は、設計に関する「暗黙知の習得・継承の仕組みの違い」の視点が有効な切り口であると考える。そして、この違いの発生する要因について、「設計とは何か」「具体的設計のプロセス」「設計に必要な知識とは」「設計の定義」「設計プロセスと必用知識」「暗黙知の継承」の順に考察を加えていく。

3. 設計とはなにか

　一般的に設計と言えば、設計ハンドブックなどを片手に、ギヤの諸元計算や材料の選定、電子回路のトランジスタの選定や抵抗・コンデンサーなど電子部品の定数の割り出し、などがイメージされることが多い。

　しかし、これは設計のほんの一部分である。「ものづくり」によって、今まで存在していなかった「もの」が社会に新しく産み出され、広く社会に利便性や快適性などをもたらしているように、「ものづくり」の設計はきわめて創造的な行為が主体である。

「ものづくり」実現のためには、数多くの具体的な実現の方法が考えられる。しかし、その方法毎に具現化の達成度もその問題点も全てが異なってくる。したがって、その数多く考えられる方法の中から、どの方法が実現の可能性が高いかを検証し、見極め、決定していくことが重要である。

そこで、設計とはなにかについて、具体的な設計プロセスと主な活動、活用される知識などに関して掘り下げ、さらに定義付けを行っていく。

3.1 設計プロセスと主な活動

▶3.1.1 具体的な設計プロセス

設計という人間の知的行動、そこに分析の目が注がれ、設計工学、一般設計学などが誕生したのは、1980年前後と比較的最近のことである。

設計工学（赤木1991）では、設計プロセスを次の5ステップに分けて記述している。上流から設計要求、概念設計、基本設計、詳細設計、生産設計の5段階である。また、狭義の設計の範囲としては、概念設計、基本設計、詳細設計の3ステップと述べている。

この考え方は、筆者が3章で示した設計プロセス（図3-4「設計における業務の流れと「まとめ委託」と「部分委託」による委託範囲の違い」）とは、2つの点で異なっている。

第1の相違点は、「図面作成」「試作評価」のステップが、赤木の考え方には含まれていないことである。すなわち、製作部署に設計の意図を正確に伝えるための「図面作成」、および試作品などの実物により機能・形状などの評価を行う「試作評価」の活動が、いずれも設計プロセスに含まれていない点である。その理由としては、CADやCAEの導入により、これらのプロセスが基本設計や詳細設計に前倒しされつつある技術の動向を考慮しての判断と推測される。

しかし、日常の設計活動においては、図面作成の段階で設計の基本的問題が発見され、基本設計や詳細設計に戻ることは、しばしば発生することである。また、試作品による機能・形状などの評価活動での問題発見・不具合の気づきなども、同様にしばしば発生する現象である。そして、そのつど基本設計や

詳細設計、場合によっては出発点の概念設計へ戻る場合も発生する。つまり、「図面作成」および「評価活動」は、設計活動の一部であり重要な活動でもあるので、設計プロセスに加えるべきと考える。

第2の相違点は、（設計活動の最初の過程である）設計ニーズに合う設計案を作り出す過程については、赤木は「概念設計」と呼んでいるが、「構想設計」という表現に変更したことである。

広辞苑（第3版1986）によれば、「概念」は「①事物の本質を捉える思考の形式、②大まかな意味・内容」、「構想」は「①考えを組み立てること、②芸術作品を製作する場合、主題・仕組み・思想内容・表現形式などあらゆる要素の構成を思考すること」とある。

設計において最初に行うのは、要求される多くの仕様を満足し具現化できる具体的方式の骨組みを考え・創り出すという活動である。それは、まさに「構想」に他ならない。「構想」こそ、その活動をより適切に表現できる語句であると考える。また自動車産業では、設計活動において設計者は日常的に「構想設計」と呼んでいることも、「構想設計」を選択する理由である。

以上をふまえ、本書においては、設計プロセスとは「企画・構想設計」「基本設計」「詳細設計」「図面作成」「試作評価」「生産設計」の6ステップとして取り扱っていく。

さらに、狭義の設計ステップとしては「企画・構想設計」から「試作評価」までの5ステップとする。「生産設計」は、「もの」をどう製造するかを取り扱う領域である「生産工学」「生産技術」として、「設計技術」と層別されているからである。

この考え方を基本にして、「設計プロセスと各設計ステップでの主な活動」を、図7-1に示した。

▶3.1.2 設計プロセスにおける主な活動内容

図7-1に示した「主な活動内容」の欄を主体に、各設計プロセスの概略を説明する。

まず「企画・構想設計」は、設計のニーズにあう設計構想案を作り出す過程である。具体的には、要求される機能を実現するための方法を作り出す段

階である。つまり、無数にある実現のための方法の中から成功する方法を選び出す活動である。そして、「要求仕様の確定」からその内容を「定義」し、各機能を満たす具体的方法を「創成[*1]」し、それを「評価」するのが主な活動内容となる。そのなかでも方式の「創成」が主活動となる。

次の「基本設計」は、「構想設計」で得られた結果を基に具象化する活動

図7-1 設計プロセスと各設計ステップでの主な活動

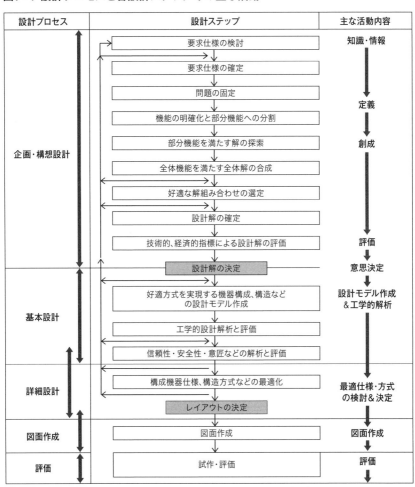

注)赤木新介(1991)『設計工学』に基づき、図面作成、評価プロセスなどを加えて筆者作成

である。具体的には設計モデル[★2]の作成とその工学的解析により、その方式の妥当性検証と構造や材料などの諸元の検討が「主な活動」である。

「詳細設計」は、「基本設計」の結果をもとに、さらに詳細構造、詳細形状、詳細寸法、詳細レイアウトなどを決定する活動である。

「図面作成」は、前段階（「詳細設計」）で決定された形状、寸法、材質、特性などの全情報を、生産部署へ明示・伝達するための図面・仕様書などを作成する活動である。

最後の「評価」は、図面に基づき作成された試作品の動作・機能・形状などが設計者の意図どおりであるか、設計者の意図が要求仕様に適合しているか、などを実物の試作品で評価する段階である。現在では、多くの機能確認が、設計のデジタル化により、CAE（Computer Aided Engineering: コンピュータ支援解析）によってコンピュータ内で処理・実行できるようになりつつある。しかし、いまだ全ての確認がコンピュータ内で処理できる段階にはなく、多くの製品ではこの「評価」は欠くべからざる工程である。

3.2 設計活動と知識

前節3.1.2で設計活動の細部について説明してきたが、次に設計活動において必要な知識は何かについて述べていく。

野中郁次郎はその著書『知識創造企業』にて、「「設計力」である関連諸知識は「暗黙知」と「形式知」に分けられる」と述べている。なお、「暗黙知」と「形式知」については、次のように定義している。

暗黙知: 非常に個人的なもので形式化しにくく、他人に伝達して共有することが難しいものである。
形式知: 言葉や数字で表すことができ、厳密なデータ、科学方程式、明示化された手続き、普遍的原則などの形でたやすく伝達・共有することができる。

この定義にしたがえば、技術の分野では具体的には次のように分類される。

暗黙知：巧妙な構想設計解、見事な設計スケッチをサッと書き出して見せる能力など。
形式知：工学理論、テキスト、技術仕様、種々のマニュアルなどであり、工学知識は形式知に分類される。(中島1995)

また、ポランニーは次のように定義している。

暗黙知：特定状況に関する個人的な知識であり、形式化したり他人に伝えたりするのが 難しい。
形式知：明示的な知すなわち「形式知」は形式的・論理的言語によって伝達できる知識である。(Polanyi, M. 1966)

これらの定義・分類からもわかるように、暗黙知は言葉での表現が難しい概念である。しかし、前述の中島が述べている暗黙知の具体的分類内容によれば、具体的な暗黙知とは「巧妙な設計解」「見事なスケッチを書く能力」などとされている。この暗黙知の活動は、**図7-1**「設計プロセスと各設計ステップでの主な活動内容」で示した活動内容での、構想設計の「創成」「評価」の活動で要求されている能力に該当していると考える。

つまり、構想設計の主な知識活動では工学理論やテキストなどの形式知ではなく、他人に伝えるのが難しい個人の経験などに基づく、「暗黙知」が主役となることを示している。

この設計活動における暗黙知の重要性については、先行研究の中でも述べられている。

先行研究によれば、「工学的な理論を組み合わせるだけでは商品設計はできない。中心的な活動は、設計目的や要求に合致した、ある設計解を求めることである。より具体的には、設計目標や要素技術、工学理論などを考慮しながら、ある設計解の仮説を創出する（仮説創設活動）。そして、その設計解が目的や要求などのさまざまな条件を満たすか否かを検証する（検証活動）。そして、さまざまな条件を満たすならば、それが1つの最終的な設計解として採用される（吉川1993、延岡2006）」と述べられている。

さらに、「設計解の仮説を創出し検証する過程自体が、商品の質と効率を決める。そして、この仮説創設と検証の試行錯誤サイクルを繰り返す知識は、この過程を繰り返すことによって学習できる。いわゆる暗黙知である（延岡 2006）」などと述べられている。

3.3 設計の定義

前節までにおいて、設計に関するプロセスや必要な知識などについてみてきたが、本節ではそれらをまとめて、本書における設計の定義として述べていく。

設計とは何か。先行研究によれば、次のような定義がみられる。

(1) 設計とは、設計対象に関わる工学的知識を前提とし、それらを組み合わせて要求仕様を最適かつ具体的に実現する仮説を創出する行動であり、この仮説が工学的に実証されればそれが設計結果となる。（中島 1997.6）
(2) 設計は、人間が必要とする機能を1つの製品（システム）として具現化する過程である。（赤木 1991.1）
(3) 設計は、人工物生産の際に、そのあるべき姿を定義する人間の創造行為である。（富山哲男 2002.12）
(4) ・ある目的を具体化するもくろみ。
　　・製作・工事などにあたり、工費・敷地・材料および構造上の諸点などの計画を立て、図面その他の方式で明示すること。（広辞苑第3版 1986）

以上の4例を取り上げたが、それぞれに課題を抱えているとみられる。

(1) は、設計ステップの中でも構想設計に重点を置いており、その他の活動がほとんど含まれていない点が問題である。
また (2)(3) は、人間は道具を工夫し取り扱う動物であり、その道具を工夫し産み出す活動の全般を設計活動とみなしている。したがって、やや抽象的な定義であり、現在の産業界での「ものづくり」における設計活動に対して適

用するには、やや抽象的過ぎる定義であると考える。

（4）は、建築物の設計に重点を置いた定義であり、適用範囲が限定されると考える。

そこで本書においては、産業界での「ものづくり」に焦点を絞り、工学的知識の重要性、生産現場への設計意思の正確な伝達の重要性を織り込んで、次のように定義してこれからの議論を進めていく。

「設計とは、人間が必要とする機能を1つの製品（システム）として具現化する過程である。設計対象に関わる工学的知識を前提とし、それらを組み合わせて要求仕様を最適かつ具体的に実現する営みである。また、それに必要な形状・材質・特性などの諸情報を、図面その他の方式で作成・明示する行動も含まれる」。

4. 設計プロセスと暗黙知の活用

設計は、今まで社会に存在していなかった人工物を創造する、きわめて創造的な活動であり、その実現には人間が経験的に体得する暗黙知を活用する必要があることを繰り返し述べてきた。

しかし、設計の全工程にわたって、前述したように暗黙知を活用する程度が高いわけではない。設計の各ステップにおける、かなり多くの局面で論理的に、したがって形式化されたプロセスのもとに設計解が得られる場合も多いと考えられる（中島1995）。

そこで、各設計プロセスにおいて暗黙知の活用程度はどう変化するのか、の視点から各設計プロセスとその主な活動の検証を行った。

なお、設計プロセスの各工程における、暗黙知の活用程度の変化に関する分析は、先行研究では見当たらない。そこで、筆者の実務体験、すなわち長年にわたる製品設計技術者・リーダーとしての活動の中で体得した知見、いわば自らの暗黙知にメスを入れる。

以下は、その形式知化を図るなかで、設計プロセスにおける「暗黙知」の役割と活用度合として捉え直したものである。

4.1 「暗黙知の活用度合」概念の導入

設計における設計プロセスと各設計ステップでの主な活動については、前述の図7-1に示した。その各設計プロセス、ステップの実行においての暗黙知の活用状況はどのように変化するのか、またしないのか、について考察を加えていく。

まず、この変化をより理解しやすくするために、「暗黙知の活用度合」の概念を導入する。

「暗黙知の活用度合」とは「その業務の遂行において活用される知識を暗黙知と形式知の2つに大別したときの、全知識に対する暗黙知の占める度合（程度）」とする。式としては、［暗黙知の活用度＝暗黙知／暗黙知＋形式知］と表されることになる。

ただし、暗黙知とは（3.2「設計活動と知識」でも述べたように）、「特定状況に関する個人的な知識であり、形式化したり他人に伝えたりするのが難しい」（Polanyi, M 1966）ものである。つまり、定量的に測定できるものではない。

したがって、「暗黙知の活用度合」は、あくまでも考え方であり概念である。

4.2 各設計プロセスにおける「暗黙知の活用度合」の変化

▶4.2.1 仮説の設定――「暗黙知の活用度合」の変化

つぎに、「暗黙知の活用度合」がどのように変化するのかに焦点を絞り、各設計プロセスでの各ステップと主な活動を主体に考察を行う。

①「企画・構想設計」

このプロセスは、要求仕様にあう設計構想案を作り出す過程であり、無数にある実現のための方法の中から、成功する方法を選び出す活動である。したがって、暗黙知の活用度合は非常に高い。

具体的には「企画・構想設計」は、本章3.2でも述べたように設計目標や要素技術、工学理論などを考慮しながら、ある設計解の仮説を創出する仮説創設活動、さらに、その設計解が目的や要求などのさまざまな条件を満たす

か否かを検証する検証活動に分けられる。

　この仮説創設と検証の繰り返し活動は、無数に存在する解からの創造・検証・修正・選択の繰り返しによる最適解を導き出す活動であり、暗黙知が活動の主役である。

② 「**基本設計**」

　このプロセスは、「構想設計」で得られた構想案をもとに具象化する活動である。具体的には、設計モデルの作成とその工学的解析により、方式の妥当性検証と構造や材料などの諸元の検討が「主な活動」である。したがって、暗黙知の活用度合は、企画・構想設計のプロセスと比べて大きく下がる。そして、より詳細部分での仕様確定のために創成・評価のステップは必要となるが、割合は大きく下がり、工学理論や従来製品に基づくマニュアルなどの、形式知からの論理的な検証が主体となる。

③ 「**詳細設計**」

　このプロセスは、「基本設計」の結果をもとに、さらに詳細構造、詳細形状、詳細寸法、詳細レイアウトなどを決定する活動である。形式知に基づく細部の検証作業が、大きな割合を占める活動となる。したがって、暗黙知の活用度合は、基本設計のプロセスと比べて下がる。

④ 「**図面作成**」

　このプロセスは、前段階で決定された形状、寸法、材質、特性などの全情報を生産部署へ明示・伝達するための図面・仕様書などを作成する活動である。機械工学の1分野である図学にもとづき、あらかじめ決められた作図ルールにしたがっての業務が主体であり、活用される設計知識は、ほとんどが形式知である。したがって、暗黙知の活用度合は、詳細設計のプロセスと比べて下がる。

⑤ 「**評価**」

　このプロセスは、設計者が意図した機能・耐久性などを、図面に基づき作

成された試作品や製品の実物により評価するステップである。あらかじめ定められた評価試験計画にもとづいての作業である。また、評価試験計画書の作成、評価試験ともにマニュアルなどの形式知にもとづいての作業が主体となる。したがって、暗黙知の活用度合は5つのプロセスの中で最も小さい。

以上、各設計プロセスにおける主な活動内容を分析することにより、暗黙知の活用度合を考察した。これらの考察結果より、暗黙知の活用度合は各設計プロセスにおいて変化していること、さらに企画・構想設計からの設計プロセスの上流工程ほど、その度合が高いことが傾向として認められる。

これらの検証結果より、つぎの仮設を設定した。

すなわち、「暗黙知の活用度合は、各設計プロセスにより異なり、またプロセスの上流ほど高い」。そして、この仮説を実際に日々設計活動に従事している設計現場の実務管理者へのインタビュー調査にもとづいて、検証を行っていく。

▶4.2.2 仮説の検証──実務管理者へのインタビュー調査による

インタビュー調査の考え方、目的、具体的方法については5章4「実務管理者へのインタビュー」に詳述したが、インタビュー対象者は9人で、全員が製品設計経験15～35年のベテラン設計者である。またその専門とする技術分野は、現在の自動車部品の主要技術分野である機械機器、機械・電子機器、電子機器、情報機器と広範囲にわたっている。

さらに、インタビュー対象者全員が、技術新規度・変更度（5章4.2.1脚注9参照）の大きい製品（技術新規度・変更度≒60％以上）から小さい製品（技術新規度・変更度≒20％）までの全領域を経験していることを事前確認している。

つまり、全インタビュー対象者は製品設計の実務において、「どの設計プロセスで、どの設計知識を活用するのか」を長い期間にわたり経験してきた技術者であり、前述した仮説の検証者としての条件を充分に満たしていると判断される。

そして、本仮説を検証するための具体的質問内容は巻末の付属資料2：「実務管理技術者への「製品設計業務のアウトソーシングに関する質問」」の質問Ⅶ-1、-2に示したが、改めて次に示す。

[質問事項]

1．各設計工程により、必要となる設計知識はどう違うと思いますか？
各設計工程毎に、その工程で必要かつ活用する設計知識を形式知と暗黙知に二分し、その二つを比較して、どちらが多いか少ないかを、記号で表してください。（<、≪、≫、>、＝など）
＊製品の技術新規度・変更度は≒40％の中規模を想定してください

	企画・構想設計⇒	基本設計 ⇒	詳細設計
形式知			
暗黙知			

2．1．の設問において、技術新規度が変化すると（大≒60％，中≒40％ & 小≒20％）、形式知と暗黙知の活用の割合は、どう変わりますか？ 同じ基本設計の工程でお答えください。

新規度・変更度	基本設計（大≒60％）	基本設計（中≒40％）	基本設計（小≒20％）
形式知			
暗黙知			

[調査結果]

　つぎに、上記質問による、調査結果を**図7-2**に示し、その結果を考察する。
　図7-2：「各設計プロセスと暗黙知の活用度合の関連性」は横軸に、構想設計、基本設計、詳細設計の各設計プロセスを示している。また、縦軸には、暗黙知の活用度合を形式知と暗黙知の多少の関係として不等号で示している。つまり、暗黙知の活用度合が形式知と等しい状況を原点とし、形式知に比較して暗黙知の活用度合が多い状況を、「形式知＜暗黙知」と「形式知≪暗黙知」の2段階に分けて縦軸の下方向に示した。
　また、逆に暗黙知の活用度合が小さい状況を、「形式知＞暗黙知」と「形式知≫暗黙知」の2段階に分け縦軸の上方向に示した。なお、**図7-2**は、［質問事項1．］への結果であり、技術の新規度・変更度は中（≒40％）の場合である。

図7-2 各設計プロセスと暗黙知の活用度合の関連性

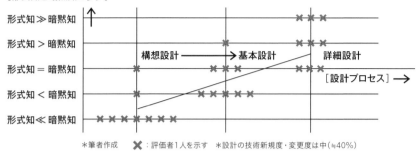

　また、インタビュー対象者の回答を1人ずつ×印で各設計プロセス毎に示している。図7-2からは、構想設計、基本設計、詳細設計へ、設計プロセスが上流から下流へ変化するに従い、その各設計プロセスで活用される暗黙知の活用度合が下がっているのが明確に認められる。

　つまり、設計プロセスと暗黙知の活用度には相関関係があること。そして、設計プロセスの上流ほど、すなわち構想設計、基本設計、詳細設計の順に、その活用度が高いことを、明確に示している。

　その結果として、4.2.1で設定した「各プロセスにおける「暗黙知の活用度合」の変化」の仮説の妥当性が検証されたと考える。

4.3　設計の技術新規度・変更度による暗黙知の活用度合の変化

　つぎに、暗黙知の活用度合は設計の技術新規度・変更度により、どのように変化するのかについて考察を加える。

　この暗黙知の活用度合と設計の技術新規度・変更度との関連性については、前述の4.2.2で実施した「実務管理者へのインタビュー」により検証を行った。実際のインタビュー調査での具体的な質問内容は4.2.2［質問事項2.］に示した。

　なお、暗黙知の活用度合の変化について、設計の技術新規度・変更度との関連性の視点から検討を加えるのは、次の理由による。

現在の工業製品設計では、原理的な領域にまで踏み込んだ新規設計を行うことは少ない。ほとんどの設計は、すでにある設計の手直しによる小・中改良設計や、既存部品の組み合わせ変更による客先要求対応のための編集設計などと呼ばれる、新規性の少ない設計の場合が多い（赤木1991.1）。そして、前述の新規設計、小・中改良設計、組み合わせ変更設計などの設計内容を層別するためには、技術の視点からは技術新規度・変更度による層別が適切と考えるからである。

　また、この技術新規度・変更度で設計内容を層別することにより、製品設計のほぼ全領域にわたって暗黙知の活用度合と設計業務との関連性が検証可能となる、と考える。

　なお、技術の新規度・変更度とは5章4.2.1で述べたが、本書においては、次のように定義している。技術の新規度・変更度とは、「ある製品などの設計に際して、その製品を構成している全体技術のうち、新技術や変更される技術が、どの程度の割合を占めるか」を表している。また、技術新規度・変更度の違いは、大・中・小の3段階に層別した。そして、大・中・小はそれぞれ、大≒60％、中≒40％、小≒20％を表している。

　インタビュー調査での［質問事項2.］による調査結果を、**図7-3**に示した。

　図7-3：「設計の新規度・変更度と暗黙知の活用度合の関連性」は、横軸に設計の技術新規度・変更度を表しており、大・中・小の3段階で示している。

図7-3 設計の新規度・変更度と暗黙知の活用度合の関連性

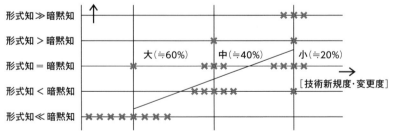

＊筆者作成　✖：評価者1人を示す　＊設計プロセスは基本設計の場合

さらに、縦軸は前述した**図7-2**と同一であり、暗黙知の活用度合を形式知と暗黙知の多少の関係として不等号で示している。なお、設計プロセスは基本設計の場合である。

図7-3からは、設計の技術新規度・変更度が大きくなるに従い、その設計で活用される暗黙知の活用度合が上がっているのが認められる。

つまり、**図7-3**は、設計の技術新規度・変更度は暗黙知の活用度合と関連性があることを示している。

この設計の技術新規度・変更度と暗黙知の活用度合との間に関連性がある理由を次に述べる。既に何度か述べてきたように、暗黙知は主として新しい製品の機能、仕様環境、技術などの人工物を創造・検証していく活動で活用され、必要とされる知識である。それゆえ、製品・技術などの新規度・変更度が大きくなれば、それに比例して暗黙知の活用度合の業務の中での割合が大きくなるから、と考えられる。

検証してきたように、本節4.3および前節4.2から暗黙知の活用度合は、設計プロセスおよび設計の技術新規度・変更度と明確に関連性を持っていることが明らかとなった。

5. 設計知識の継承と技術アウトソーシング企業

前節までにおいて、設計の概要とその活動で必要となる設計知識を中心に、「設計とは何か」「設計の具体的プロセス」「設計活動と必要知識」「設計の定義」「設計プロセスと暗黙知の活用度合」などについて、述べてきた。

そして、その設計活動を支えている「設計力」ともいうべき関連諸知識やノウハウは、「暗黙知」と「形式知」に分けられることを示した。さらに新しい「もの」を創成する企画・構想設計のプロセスにおいては「暗黙知」が設計活動の主役を担うこと。そして、創成された構造案を工学的に検証し実現化していく過程では「形式知」が重要であることを述べてきた。

そこで本節では、各組織における「設計知識」の継承の状況、および設計知識継承と技術領域アウトソーシング企業との関連について考察を加えていく。

5.1 設計知識のドキュメントによる体系化
——日本と西欧との比較視点

　先に述べてきたように、新しい「もの」を創成する企画・構想設計のプロセスにおいては、「暗黙知」が設計活動の主役を担う。

　他方、具体的な詳細設計プロセス以降の設計活動においては、設計プロセスのかなり多くのステップで形式知の重要度が増してくる。具体的には、工学理論やテキスト、技術仕様、種々のマニュアルなど工学知識を主体にしたドキュメントにより体系化された形式知に基づき設計解が検証され、設計業務が遂行されていく。

　したがって、各組織における設計知識の継承について考察する場合においては、伝達・共有化が難しい暗黙知と、ドキュメント化されている形式知を層別して考察していく必要があると考えられる。

　しかし、産業界においてのドキュメントによる技術の体系化の状況については、その把握が非常に困難である。また、調査資料はほとんど見られない。それは、技術のドキュメント化自体が各企業、産業でのコア・コンピタンス領域に含まれるからである。少し古い状況となるが中島が1960年ごろの状況を伝えている。

　それによれば、アメリカの例として航空機製造業L社について、「L社の技術ドキュメントは、設計変更のヒストリー、設計のプロセス、その理論的説明、基本コンセプトの説明と、膨大な内容が見事なハイ・アラーキーを構成して完備している。さらに、ニューカマーのために、アブストラクトが用意されていて、これで速成的にその機種に対する基本的知識から、各部の構成までを修得できるようになっていた。また、このアブストラクトは分厚い百科事典ほどのものが2冊になっていた。そして、その内容も非常に密度の高いものでありながら、きわめて利用者にとって親切に編集されたものが多い」と述べている（中島1997.6）。

　また、日本の状況については、次のように述べられている。「日本の製造業では、その製品に密着した基本的な技術理論や、基本要素に関する技術体系をドキュメント化した形で保有している企業は少ない。また一応ドキュメン

トの形はしているが、それへのアクセスの点での配慮が多くの場合欠けており、いたずらに積み上げられているだけということが多い」と述べている（中島1997.6）。

中島が述べている年代と筆者の製品設計経験の年代とは多少の時間的な隔たりはあるが、筆者の経験からも中島による日本の実態への指摘は的をえており、また現在にもあてはまると考える。

そして、筆者の設計者としての経験からは、多くの日本企業での技術ドキュメント体系については、次のことが言える。

技術ドキュメントは、①一般設計基準（材料、加工法、製品使用環境、ネジ、Oリングなど共通仕様部品、などの設計共通規定）、②製品別設計基準（製品毎の構造、部品などの規定）、③品質保証基準（大量生産での一定の性能を保証するための規定）、などから構成されているのが一般的である。

しかし、中島が指摘しているように、製品に密着した基本的な技術理論、基本要素さらには設計変更ヒストリーの理論的説明などの内容まで含むハイ・アラーキー構成のドキュメントはほとんど見られない。

このような日本の状況と前述したアメリカとの違いは、「技術は個人が苦労して習得する」という日本の考え方や、言葉による技術理論の取扱の不得手あるいは軽視の風土などの、民族文化の違いにまでさかのぼる問題である。

さらに日本では、その企業風土がドキュメントによる技術の体系化を要求していなかったことも、大きな原因と考えられる。その理由は、日本の企業風土においては、その根底に長期雇用制度の就業環境があり、技術者の育成・技術の継承などは従来からの人から人への計画的な、時間をかけた継承で充分であったと考えられるからである。多くの時間と労力を必要とするドキュメント作成の必要性が基本的に存在していなかったのである。民族文化の違い以外での大きな要因の1つであると考える。

ドキュメントによる技術の体系化の目的は、「誰がいつ見ても、その全容かつ詳細を理解・把握できる」ことにある。欧米のように途中転職を前提にした組織体制においては、いついかなる場合でも担当者の欠員・移動などに対応できる体制づくりが不可欠である。その結果として、ドキュメントによる技術の体系化が進んでいき、現在の形が出来上がったと考えられる。

5.2 設計知識の継承

　前節において、日本では設計知識における暗黙知の形式知化が進んでいないことを述べた。したがって、設計知識の継承においては、形式知とともに、他人への伝達と共有化が難しいと言われる暗黙知を、いかに継承していくかが重要課題となる。

　そこで、筆者の設計者としての経験および関係者へのインタビュー訪問から得られた情報に基いて、企業における形式知、暗黙知の継承状況について述べる。

　一般的に設計知識の継承状況は、次のように整理される。

(1) 形式知：
① 業務外での技術教育（いわゆるOFF JT）およびドキュメントに基づく自己学習
② 業務遂行課程おける必要に迫られてのドキュメントによる学習、確認

筆者の経験では①から②の学習プロセスを経て設計知識は伝承されていくのが主体である。

(2) 暗黙知：
① チーム活動での先輩・上司からのOJT（On the Job Training）
② 経験ある先輩からの特別教育講座
②はOFF JTの範疇である。しかし、実務での環境とは大きく条件が異なるため実務応用力への効果は疑問である。したがって①が主体となっている。

▶5.2.1 技術アウトソーシング企業からみた設計知識の継承

　前節5.2で述べた設計知識の継承状況は、本論での「ものづくり」企業、いわゆる業務をアウトソーシングする委託元の状況である。そこで、つぎに視点をアウトソーシング業務の委託を受ける委託先の技術アウトソーシング企業に移して、そこでの設計知識の継承状況を考察していく。

「ものづくり」に関わる設計知識の発生源は「ものづくり」企業にある。したがって、技術アウトソーシング企業では、その設計知識を、どう入手し、どう伝えていくか、が重要課題となっていく。

この視点から技術アウトソーシング企業を、グループ内企業と、独立資本企業に層別して述べていく。

(1) グループ内技術アウトソーシング企業

(A) 形式知：
① 委託元企業が保有する技術ドキュメント類は、厳密に機密管理されたうえで、グループ内企業には業務の遂行に必要な関連領域が公開されている（具体的には、グループ内企業へのドキュメントの貸し出し、グループ内企業社員への閲覧の許可など）場合が多い。
② 前節5.2(1)①で述べた技術教育への参加も認められている場合が多い。ただし人数の制限はある。

(B) 暗黙知：
① 暗黙知を保有する技術者の親企業からの人材移動（親企業との会社間の人材交流）により、同時に暗黙知も移動する。

一般論としてグループ内企業とその親企業の間には、さまざまな形で人材交流システムが存在し機能していることは一般的に良く知られた事実である。さらに、その人材交流は、経営陣の取締役や部長クラスに留まらず、実務プロジェクト・リーダー役の各階層のマネージャー・クラスの交流も広く実施されている。

また、グループ内企業から親企業への長期出張や期間限定での数年間の出向なども行われている。このような、多くの人の移動に伴い暗黙知もグループ内企業へと移り、さらに日常業務やプロジェクト活動などでのOJTにより他のメンバーが修得可能となる。

(2) 独立資本技術アウトソーシング企業

(A) 形式知:
① 委託元企業が所有する技術ドキュメント類は、厳密に機密管理されており、独立資本企業の社員は、業務に直接関係する限定領域のみの閲覧が許されているだけ、の場合が多いと考えられる。

したがって、委託元企業の技術ドキュメント類への閲覧が限定的に許された業務経験者からの、限られた業務領域での知識継承となり、その継承の広がりおよび効果は非常に限られる。

(B) 暗黙知:
① 継承の機会は、設計経験者の中途採用などに限られ、可能性は非常に低くなる。
② 委託業務を通じての、委託元である各メーカーやグループ内アウトソーシング企業からの間接的な修得の機会はゼロではないが、修得そして継承には非常に長い年月を必要とし、範囲も限られる。

以上述べたように、設計知識継承の視点からグループ内企業と独立資本企業を比較した場合、製品設計に関して両組織が保有する設計知識の範囲・深さには、大きな隔たりが存在すると言わざるをえない。特に、暗黙知については他人に伝えるのが難しい個人の経験などに基づく知識が主体であり、人の移動を必要とするために、その隔たりは大きい。

そして、この両組織の保有・継承される設計知の広さと深さの違いが、アウトソーシングされる業務としての、「まとめ委託」と「部分委託」の違いとなって表れているのである。

なぜなら、独立資本企業の保有する設計知識は、その知識継承の仕組みの違いから形式知に限られる。したがって対応可能な設計プロセスそして製品も自ずと限定され、「部分委託」の領域に留まらざるをえないのである。

6. 設計知識保有レベルの違い
——委託元と委託先との比較

　前節までにおいて、設計知識の視点からグループ内技術アウトソーシング企業と独立資本技術アウトソーシング企業を比較した。そして、この両組織での継承・保有される設計知識の広さと深さの違いが、委託される業務としての「まとめ委託」と「部分委託」の違いとなって表れていることを述べた。

　また、前節までに「各設計プロセスにおける「暗黙知の活用度合」の変化」「設計の技術新規度・変更度による暗黙知の活用度合の変化」などの設計知識に関する多くの新しい知見が得られた。

　そこで、本節においては、現在、グループ内の技術アウトソーシング企業が行っている「まとめ委託」に焦点をあてる。この「まとめ委託」は、委託元と委託先が一体となって進めているものである。委託元の競争力向上に今後大きく貢献していく新たな仕組みとみられ、より有効な仕組みに発展させていく必要があると考える。

　この「まとめ委託」の仕組みをさらに発展させるためには、前節までに新たに得られた知見から、委託先すなわちグループ内の技術アウトソーシング企業の設計知識レベルの向上が絶対的な必要条件となる。

　そこで、委託先すなわちグループ内の技術アウトソーシング企業の設計知識レベルについて、前述の設計実務管理者へのインタビューにて同時に質問し、調査を行った。質問の詳細は付属資料2：「実務管理技術者への「製品設計業務のアウトソーシングに関する質問」」の質問v.に示した。そして、調査結果を**図7-4**に示した。

　図7-4は、横軸には設計知識を構成している形式知と暗黙知を2点に分けて示している。また縦軸には、親会社と子会社での設計知識の保有レベルの違いを、等号・不等号で5段階に分けて示している。

　親会社と子会社の設計知識の保有レベルが等しい状況を原点にして、「親会社＝子会社」と示した。さらに、親会社の保有レベルが子会社より多い状況を「親会社≫子会社」と「親会社≫子会社」の2段階で縦軸の上方向に示した。また縦軸の下方向は、その逆であり「親会社≪子会社」と「親会社≪

図7-4 親会社と子会社での設計知識の保有レベルの違い

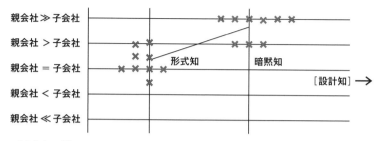

子会社」の2段階で示した。

この**図7-4**は、形式知の保有レベルは子会社と親会社がほぼ同等であること。そして暗黙知に関しては、親会社の保有レベルが高いことを明確に示している。このことは、子会社は形式知を主体にした設計業務であれば、親会社と同レベルで対応可能なことを明確に示している。形式知を主体にした設計業務とは、具体的には4.3に示した設計の技術新規度・変更度からは「小」のレベルであり、4.2に示した各設計プロセスと暗黙知の活用度合の関連性からは詳細設計のプロセスである。

そして、上記の親会社と子会社の設計知識の保有レベルの比較検討から導き出された検討結果は、5章「自動車産業での技術アウトソーシングの活用状況」の4.2.1 (1) で述べた実際に行われているまとめ委託業務の範囲と一致している。

7. おわりに

技術アウトソーシングにおいては、企業の階層的な違いにより役割の違いが発生している。そこで、その要因について設計プロセスや主な設計活動および各企業が保有する設計知識にまでふみこんでの検証を行った。さらに、独自の分析視点として「設計プロセスと暗黙知活用度合の関連性」に着目し、

仮説を設定して、実際の設計業務に従事している設計実務管理者への質問調査をおこない、その妥当性を明らかにした。

この暗黙知活用度合と設計プロセスとの関連性に焦点をあてる研究視点とその検証は、先行研究には見当たらず、これまでにない筆者独自の視点と考えられる。さらに、この研究視点が設計の実業務において裏付けられたことも、この視点からの研究が今後重要となることを示すものと考える。

さらに、この「設計プロセスと暗黙知活用度合の関連性」に「設計の技術新規度・変更度」さらに「親会社と子会社での設計知識の保有レベルの違い」の分析視点を加えることにより、現在おこなわれている「まとめ委託」領域と設計知識との関連性を明らかにした。

これらの本章で述べた考察により、委託元企業の競争力向上に大きく貢献すると考えられる「まとめ委託」領域を拡大するための方向性が明らかにされたといえる。具体的には、委託先自らが、「まとめ委託」が対応可能な技術新規度・変更度レベルを上げることが必要条件となる。すなわち、委託を受ける技術アウトソーシング企業の設計知識（暗黙知、形式知）のレベルを上げることである。

また、技術アウトソーシング企業の階層的な違いによる役割の違いは、暗黙知の保有レベルの違いを主要因の1つとして生み出されている。さらに暗黙知の保有レベルの違いは、設計知識の継承の仕組みが異なることが主要因である、ことを明らかにした。

以上をふまえ次章では、今や技術アウトソーシング業務の要に位置する3次元CADに焦点をあて、設計の3次元化について、また技術アウトソーシング業務と3次元CADとの関係について考察する。

注

★1 「創成」とは、一般に「新しいモノを初めて作り上げること」（広辞苑 第3版）を指す。企画・構想設計では、具体的な設計解を探索することは最も難しい。それゆえ、設計者の創意を必要とし、さらには部分ならびに全体での成立性を探索し設計解を確定する必要がある。この一連の活動を表す言葉として、赤木氏は『設計工学』において「創成」という語句を用いており、本書においてもそれに準じた。

★2 製品の主要な構造、形状、機構などを具体的に定めるために行う3次元CADによるCAE解析活用などのための、3次元的な形状モデルなどを表す。

8章

3次元CADによる設計革命とそのインパクト

1. はじめに

　前章では、設計とは何か、具体的設計の各プロセス、設計に必要な知識、などについて述べた。この設計活動の各プロセスにおいては近年、デジタル情報技術を駆使した3次元化が進み、各メーカーの設計技術者や多くの技術アウトソーシング企業の技術者が取り扱う設計ツールは、3次元CAD（Computer Aided Design: コンピュータ支援設計）となっている。デジタル情報技術を用いた3次元CADは、図面の概念が2次元CADとは基本的に異なることに加えて、それ自体が数学的なモデルとしての情報を持つ。この特性ゆえに、3次元CADは狭い意味での設計業務の効率化だけではなく、商品開発プロセス全体の変革を促す能力を秘めている（竹田2000、延岡2006）。

　本章では、この企画・設計から生産さらに商品開発プロセス全体までを大きく変化させた設計の3次元化について、さらには 技術アウトソーシング業務と3次元CADとの関係について考察する。

2. 設計の3次元化とは何か

2.1 設計と図面

　設計において図面とは何か、図面が果たす役割と意味は何か。図面作成が手書きからコンピュータ作成へとシフトするなか、その意味があらためて問われている。

　まず「図面とは、対象物を平面上に図示するものであって、設計者・製作者の間、発注者・受注者の間などで必要な情報をつたえるためのものをいう」とJISZ8310において定義されている。

　そして「図面作成」の意義は、「3次元（立体）の情報を2次元（平面）の情報に変換し、またその逆が可能となるようにする取り決めであり、「もの」の加工・製造にとって重要な手段となる（山本2007）」である。さらには、図面作成の目的は情報の伝達、情報の保存・検索・利用, 情報作成の思考の手段、と示されている（JISZ8310）。

　これらをふまえ、図面が備えるべき基本条件について、山本は次のように示している（山本2007）。

① 対象物の図形とともに、必要とする大きさ・形状・姿勢・位置の情報を含むこと。必要に応じ、さらに面の肌、材料、加工方法などの情報も含むこと。
② 図面作成者の意図する情報を明確、かつ理解し易い方法で表現していること。
③ あいまいな解釈が生じないように、表現上の一義性を持つこと。
④ 各技術分野の交流の立場から、できる限り広い分野にわたる普遍性・整合性を持つこと。
⑤ 貿易・および技術の国際交流の立場から国際性を保持すること。
⑥ 複写および図面の保存・検索・利用が確実にできる内容の様式を備えること。
⑦ CADシステムにも対応できること。

このように、図面は「もの」を創生するための設計技術者の基本的な検討手段であると同時に、①、②、③などに示されているように設計技術者の意思を伝達する基本的情報源の役割も担っている。
　また、ISO（国際標準化機構）あるいはJIS（日本工業規格）においては、図面作成に関するルールが標準化されている。
　そして、「ものづくり」各企業においては、製造部門、調達部門、検査部門、品質部門など「もの」に直接関係する他部門へ、「ものづくり」のために関係図面の配布もしくは図面閲覧ができる仕組みが採用されているのが一般的である。
　また、「もの」の調達にともなう商取引においては、取引対象の「もの」を特定し、またその形状、性能などを相互に確認する手段として、図面が納入元から提出され、納入先がそれを承認して返却する、いわゆる「承認図方法」が取られる場合が多い。とくに自動車産業では、よくみられる取引形態であり（浅沼1990）、また多くの国際取引でも同様の取引形態がとられる場合が多い。したがって、図面は上記の④、⑤、⑥そして⑦の各条件を具備することが必須条件となっている。
　そして「もの」は、図面に基づき、納入元において製作・検査され出荷される。さらに、納入先においても、図面に基づいて受け入れ検査され、組み付けされていく。つまり、「もの」に関わる全ての工程が、設計図面をただ一つの情報源として、運営され管理されているのである。設計図面の重要性がここにある。

2.2　2次元CADとは

　図面作成の方法は、1980年代以前までの長きにわたり手書きであった。3次元の構造物を2次元で表示しているために、それを作成し読解するには、図学などの工学的知識と経験が要求された。これに対して、「CAD（Computer Aided Design：コンピュータ支援設計）」とは、JISB3401の定義によると、「製品の形状、その他の属性データからなるモデルを、コンピュータの内部に作成し解析・処理することによって進める設計」のことである。

このCADは、50年以上の歴史を持つ技術であり、アメリカを中心に西欧諸国で技術開発が行われてきた。1980年代に本格的に登場した2次元CADは、いわゆる電子黒板である。3次元を2次元で表現するという基本原則は変わらないが、設計者各人に依存していた図面の見映え品質を格段に向上させた。さらに、図面情報のデジタル化により、(前節2.1「設計と図面」で述べた)図面の具備すべき基本条件の⑥複写および図面の保存・検索・利用の点では、大きな役割を果たした。しかし、それ以上のものではなかった。2次元CADは、「図面のデジタル化」という域にとどまるものであった。

2.3　3次元CADとは

　1990年代に登場してきた3次元CADは、今まで述べてきた設計プロセスのデジタル化に加えて、大きな製品開発能力を持つものであった。
　3次元CADは、「ソリッド・モデル」という機能を備え、物理的製品の形状から・大きさ・質量に到るあらゆる属性をデジタルデータとして定義して、三次元立体として映像化することができる能力を持っている (朴他2007)。
　つまり、3次元CADは、それ自体が数学的なモデルとしての情報を持っており、このような特性ゆえに、狭い意味での設計業務の効率向上だけでなく、商品開発プロセス全体の改革を促進する能力を秘めているのである (延岡2006)。すなわち、3次元CADは、「設計者の頭に浮かぶ3次元空間の立体像を、そのまま空間内に3次元形状として、さらに、その他の属性データとからなるモデルとしてコンピュータ内部に作成し、それを解析・処理することによって進める設計」といえる。
　次に、その3次元CADの能力・活用状況について概要を述べていく。

3. 3次元CADの効果

3.1 生産準備への活用

まず、CAD活用の原点は、製品開発の下流にあたる生産準備への活用、すなわち高精度なNCデータ（加工の為の数値情報データ）にあったといえる（上野他2007）。

例えば、従来の型設計・型図面をなくして、3次元の製品設計図面とNCマシニングセンターを直結させて直接型を製作する、いわゆるCAM（Computer Aided Manufacturing：コンピュータ支援の金型などの設計・製作）が、その具体例である。この3次元の製品設計図面データを直接利用する考え方・方法は、試作品無しでの仮想組み立て工程の検討にも応用されており、製品開発の下流にある生産準備への活用が、さまざまに工夫され加速している。また、生産での生産管理システムとしては、3次元CADデータから部品表を作成し、部品発注や在庫管理を行うMRP（Material Requirement Planning：生産管理手法）システムなどが一般的に利用されている。

3.2 設計プロセスでの工学的解析への活用

いっぽうCADデータの製品開発上流工程への活用は遅れてスタートしたが、いまや活用技術が飛躍的に進歩し、各産業別に広範囲に活用が進んでいる。

自動車産業における製品開発上流工程への活用例では、大きく2つの点が特徴的である。

1つは、製品の設計支援システムや、設計した製品のモデルを使って、強度や耐熱性などの特性を計算する解析システムのCAE（Computer Aided Engineering：コンピュータ支援解析）である。CAEの分野は近年劇的に進化しており、強度・剛性、振動、衝突、熱、空力さらには近年の電子化にともなうEMI（Electro Magnetic Interference：電磁妨害波）、EMC（Electric Magnetic Compatibility：電磁環境両立性）などの国際規格の合否解析にも

応用されている。

2つは、DMU（Digital Mock Up：デジタルモックアップ）であり、ソリッドモデリングにより、どんな複雑な形状でも、対象を任意の視点から正しく観察できるシステムである。また、光源の変化によるボディ表面の変化や景色の映りこみ等についても見映えの違いをバーチャルで検討できるようになっている。

さらに、3次元データがあればデジタルモックアップだけではなく、RP（Rapid Prototyping：ラピッド・プロトタイピング）すなわち、3次元データを使い、直接に部品や型治具などを短時間で製作することにも活用できる。3次元プリンターもこの範疇にはいる非常に将来性が期待される技術である。このような方法により製作された簡易試作品を使って部品間干渉のチェックや、簡易的な動作・機能確認が可能になる。

3.3　2次元CADと3次元CADの効果の違い

以上述べてきたように、製品設計図面作成システムである3次元CADと2次元CADとの違いは非常に大きい。その違いの概要を**図8-1**に表した。**図8-1**においては、上部のA図に2次元CADによる製品設計図面と他業務との関係が、そして下部のB図には3次元CADでの関係が示されている。その違いを、製品設計の下流工程であり生産準備の1つである金型製作を例に取り上げて、具体的に説明する。

まず2次元CADでは、製品図面が完成してから金型製作部門（もしくは金型製作の外注企業）へ製品図面が配布される。その製品図面を基本にして、金型設計技術者が金型に要求される多くの仕様（例えば、樹脂成形型であれば抜き勾配や樹脂材料の温度係数など）を盛り込んで、製品図面とは別に金型図面を作成する。そして、その金型図面にしたがって、多くの工作機械や仕上げ職人の手により、金型が製作されるのである。

いっぽう、下部に示された3次元CADでは、プロセスが一変する。設計された製品の物理的な形状から、大きさ、質量に到るあらゆる属性がデジタルデータとして定義される。また、抜き勾配や樹脂材料の熱収縮など金型に要求される諸仕様が、CAMシステムにあらかじめ入力されている。そのCAM

図8-1 2次元CADと3次元CADの違いによる製品設計図面と他業務との関係

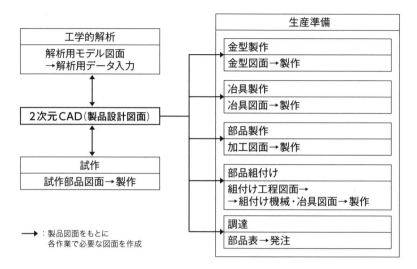

A：2次元図面における製品設計図面と他業務との関連

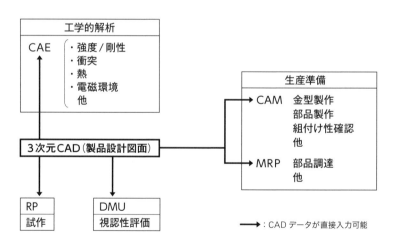

B：3次元CADにおける製品設計図面と他業務との関連

注）筆者作成

システムに、3次元CADで設計された製品データを直接入力すれば、CAM内で解析・処理され金型データが作成される。さらに、CAMで処理・作成された金型データを、NC工作機械に直接入力すると、金型製作が可能となる。つまり、2次元CADで実施していたような、金型図面作成や工作機械の作業者の金型図面に基づく作業段取りの検討、工作機械への形状データ入力作業などが不要となるのである。

そして、**図8-1A**に示した他の作業である、部品製作・冶具製作・部品組付け、などの各生産準備業務も同様である。金型製作と同様に、その作業用に特別に必要だった製品図面検討や生産準備用の特別な図面作成そして工作機械の段取り作業などが削減されるのである。

3.4　3次元CADによる業務のフロント・ローディング

以上述べてきたように、3次元CADシステムに期待される効果は、開発の初期段階で多くの問題解決が可能となり、業務のフロント・ローディングすなわち前倒しが可能となることである。その結果として、製品開発の上流工程では負荷が増大するが、それ以上に下流工程の工数が削減される。そして、全体として開発総工数を下げることが可能となり、開発効率化が達成できる点にある。具体的な工数減少の例としては設計変更件数の低減があげられる。

通常では、開発の後半に必然的に発生する設計変更により、多大な工数とコストが必要となる。なぜならば、設計変更発生までに実施された他部門も含めた全業務が影響を受ける可能性があり、また生産に関連して製作される金型や冶具への影響も避けられないことが多いからである。さらに、設計変更された製品・部品と機能の点などで同一のシステムを形成している関連製品・部品に関しても、その影響の検討、そして必要があれば変更が発生するのである。

以上述べてきた3次元CADが、開発効率化を革新的に促進するポイントをまとめると次の2点と考えられる。

① 3次元の設計データにより、設計者自身が多分野の工学的視点からの比較的高度な工学的解析を、実機の製作・評価なしで、実施・確認できる。
② 3次元CADにより、各部門での製品設計データの共有化が可能となり、製品開発の初期段階において、製品設計者と工程設計・型設計などの生産技術者との間のコミュニケーションが促進できる。

このように3次元CADは、これまででは考えられなかったレベルでのフロント・ローディングを実現させて、開発効率の向上に大きく寄与していくと考えられる。

4. 3次元CADの効果と設計プロセスの変化

4.1　3次元CADの導入状況

前節で3次元CADの具体的内容とその効果の概要について述べた。この3次元CADは1990年代から普及し始め、アジアの工業発展国は、近年積極的に導入しつつある。その全貌を捉えた調査は無いが、日中韓での主要企業への「3次元CADを何年に導入したか」という質問への回答に基づくアンケート調査の結果を図8-2に示した（竹田2009）。

この調査は各国での調査実施時期が異なっている。日本が2004/3で機械関連産業153社の回答、中国は2004/7〜9で114社の回答、韓国では2007/9〜2008/2で72社の回答集計であり、本図には中国での調査時点である2004年までのデータが示されている。4年後に調査を実施した韓国における2008年の普及率は88％と報告されており、2008年時点で日本の普及率を追い越している可能性がある。

この調査結果によれば、日本では2000年代にはその普及は飽和状態を示しており80％程度の普及と推定される。中国と韓国は、ほぼ同様の傾向を示しており、2008年での韓国の普及率は88％である。これより、現在の普及率では韓国は日本を追い越しており、また中国は韓国並みの普及と推定され

る。また、同じ竹田の一連の報告（竹田2009）によれば、「各企業の3次元化がどれだけ進んでいるか」を尋ねた調査では、ソリッド・モデルの3次元CADをメインで安定的に活用しているのは韓国46％、中国20％、日本17％となっている。調査年度の違いを考慮しても、韓国での幅広い浸透と中国の活用普及が見えてくる。

さらに3次元CADの種類の調査では、「CADの利用という点で最も進んだプロジェクトにおけるソリッド・モデルの使用率」が、日本：39％、中国：18％、韓国：45％と報告されている。3次元CADを源流としたCAE, CAM, DMUなどの上流・下流工程の革新につながるソリッド・モデル3次元CADの普及は、韓国は今や、調査年次の違いを考慮しても、日本と同レベルと推定される。

日本は、3次元CADの導入では先行したが、現時点では東南アジアの隣接国とほぼ同一の普及状態にある。今後は、3次元CADをどう活用していくかが競争のポイントとなる。それゆえ、設計現場において3次元CADの関連業務を主体に扱っている技術アウトソーシング技術者活用の仕組みが、非常に重要な課題と考えられるのである。

図8-2 日中韓における3次元CADの普及状況

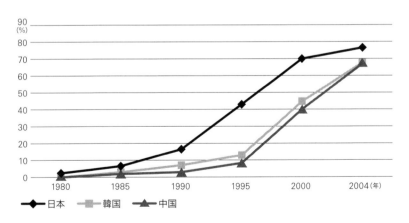

注）竹田陽子（2009.8）「設計3次元化が製品開発プロセスと成果に及ぼす影響に関する日本・中国・韓国の比較調査」をベースに筆者作成

4.2 3次元CADの具体的効果とその影響

　いっぽう、3次元CADの製品開発における問題発見・問題解決の具体的効果について、日本の大手電機メーカー10社の6製品（合計19製品）を調査した興味ある調査内容が報告されている（朴他2008）。

　それは、製品の安全、騒音、性能などの製品の機能領域毎に、問題の発見数をCAD／CAE、実機・モックアップ、プロトタイプの3つの開発手法別に分類し、比較調査したものである。図8-3は、その調査結果を示したものである。なお、モックアップとは外観デザインの試作検討段階で用いられる試作、プロトタイプとは量産移管確認用として作成される試作のことである。

　図8-3によれば、CAD・CAEによる問題発見率は従来の試作やモックアップなど、いわゆる現物作成・評価ほどには高くない。しかし部品干渉のチェックには、CAD・CAEが圧倒的に利用され効果を上げている。さらに製造性についても多く利用され、効果をあげていることが明らかである。騒音、耐久

図8-3 開発工程別に発見された問題の数（CAD/CAEによる問題発見率）

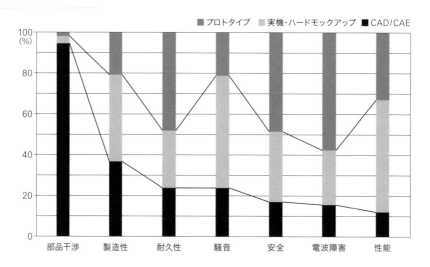

・モックアップ：検討段階試作、・プロトタイプ：量産移管確認用試作
＊数値は問題発見率の平均値を示す
注）朴英元、阿部武志 他（2008/6）「エレクトロニクス製品の製品アーキテクチャとCAD利用」をベースに筆者作成

性などにも、ある程度利用されていることが分かる。性能、安全、電波障害などについては、モックアップ・プロトタイプなどのいわゆる実機による問題発見が多い。これはCAD・CAEが、製品開発設計ツールの完成システムとして利用可能な試作レスの領域まで至るには、まだ数多くの技術開発・改良が必要であることを示している。

いっぽう、CAD導入によっての設計変更件数と開発期間に関しては、著しい効果が報告されている。導入前を100とした指数比較であるが、開発工数：103.2（標準偏差：22.86）、設計変更件数：73.（標準偏差：12.83）、開発期間：59.2（標準偏差：11.66）、全体コスト：91.7（標準偏差：9.83）である（朴他2008）。

設計変更件数で30％削減、開発期間で40％の削減が実現できている。しかし、逆に開発工数が3％増加し、全体でのコスト削減は10％にとどまっている。この原因はさまざまに推定される。入力データが2Dから3Dとなるので、単純には入口の3次元CADで1.5倍の工数が必要であり、またツールとしての3次元CADの操作熟練度が要求されてくることなど、が考えられる。

なお、上記の大手電機メーカーの設計現場調査によると、CADインプットについては、CADオペレーターを一部使っているケースもあるが、ほとんど設計者自身が行っていることが明らかにされている。全体としては、設計者1人に対して0.5人のCADオペレーターが配置されていることが明らかにされている（朴他2008）。

さらにCAE解析では、その65％がCAE専門家の技術者の手で実施されていることも報告されている。またCAE解析のためには、3次元CADデータから解析用のモデルへの変換が必要であり、CAE解析の概略技術知識とツール操作に習熟したモデラーと呼ばれる職種がその任にあたり活躍している。そして、CAE解析の業務量および解析可能な技術分野の拡大により、更なる増員の必要性が高まっている（朴他2008）。

つまり、3次元CAD導入により、CAE専門技術者、CAEモデラー、CADオペレーターなどの、専門職化と人員の増大現象が生じていると述べられている。

いっぽう、3次元CADを含めた各種のデジタル・エンジニアリング手法の

活用状況に関する調査・分析によれば、「自動車、消費者向け電子機器は、3次元CADシステムに既に移行している。自動車産業はハイエンドのCADシステムへの依存度が高く、またCADシステムとCAEシステムとの連携についても先進的である」と報告されている（藤田2006）。

つまり、3次元CADシステムは自動車産業、消費者向け電子機器産業を中心に広く活用されており、その活用状況も先進的であるといえる。

日本の自動車産業にみる次の事例は、3次元CAD活用による顕著な効果を示すものである。「全く同じ3次元CADの標準的パッケージを導入している企業でも、日本企業の開発期間（外観デザイン決定から発売まで）は18ヶ月以下、米国企業では30ヵ月前後」（藤本2006）。

4.3 フロント・ローディングの期待と実際

3次元CADによるフロント・ローディング効果については、当初の期待値と導入後の実際の状況を比較した概要を図8-4に示す。商品開発プロジェクトの進行と開発工数との関係で、捉えたものである。

図8-4　3次元CADによるフロント・ローディング（期待と実際）

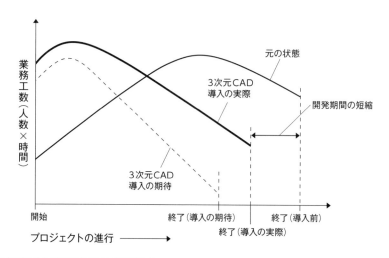

注）延岡2006.9「MOT入門」に基づき筆者作成

図8-4は、横軸にプロジェクトの時間的進行を表しており、原点を開始時点として、終了時点を3次元CAD導入前と、導入時の期待値と、導入後の実際の時間、とでそれぞれ示している。さらに縦軸には、業務工数が、開発に投入された人数と時間との積で表されており、業務工数の時間的経過曲線が3次元CAD導入前の元の状態、導入時の期待、導入後の実際の3つに分けて示されている。具体的には、前節の4.2.「3次元CADの具体的効果とその影響」で述べた朴による日本の大手電機メーカー10社の6製品（合計19製品）調査で明らかにされた開発工数、開発期間などの調査データ（朴他2008）を、**図8-4**にモデル図として示したものである。

開発期間の短縮は効果として表れているが、業務工数としては開発初期の工数が期待より大きく増加している。またプロジェクト終了までの業務工数の減少度が期待値より低いことを表している。

3次元CADは、開発初期段階に開発・設計部門を中心としてCAEやRP、そして生産技術部門との初期段階での協調作業を行い、フロント・ローディングとして負荷が増加するが、後工程で問題発生が減少すると期待された。しかし現段階では、3次元CADの習熟度などの原因により、初期段階での負荷が予想より増えている。また開発後半での問題処理の負荷も期待値をオーバーしている状況にあると考えられる（延岡2006）。

すなわち、当初期待された効果の達成に向けて、組織全体としての対応能力の向上が今後の大きな課題となっている。

5. 3次元CADの導入と技術アウトソーシングの変化

前節2.3.4にて3次元CADの概要、またその効果と問題点・課題などついて述べ、3次元CADが製品設計システムに大きな質的・量的変化を与えていることを確認した。

さらに、3次元CADに関わる多くの業務領域において、技術アウトソーシング企業の技術者が活用されていることが明らかになった。そこで本節では、3

次元CADと技術アウトソーシングとの関係を改めて確認していく。

5.1 3次元CADでの設計の流れと技術アウトソーシングの業務分担

　まず、5章で調査した自動車メーカー、および主要自動車部品メーカーの各企業グループ内技術アウトソーシング企業の業務内容を5章3.2.3「技術アウトソーシング活用にみる特徴」を参照して再確認する。
　それによれば、自動車産業界での技術アウトソーシングの業務内容の特徴としては、次の3点があげられる。

① 業務内容はCAD入力を中心として、CAE解析、さらには内外装部品、ボディ部品、関連機器・電子機器などの製品・部品設計へと広がっている。
② 3DCAD教育を事業の1つとして、株主企業の社員も含めた国内外の全グループ内企業を対象に展開している企業がみられる（日産テクノ、デンソーテクノ、ダイハツテクナー他）。
③ アウトソーシング企業単独で、車両単位や製品単位での一連の設計プロセス業務を「まとめ委託」として遂行している企業が、一部ではあるが認められる。

　上記3点のうち、とくに①に関しては、グループ内アウトソーシング企業21社すべてが、3次元CADとのかかわりを主体として事業を展開していることが明らかである。
　また、②の3次元DCAD教育は操作教育が主体であるが、株主企業の社員も含めた国内外の全グループ内企業を対象としている。このことから、3次元CAD操作に関しては効率化から改善までの全てを、グループ内アウトソーシング企業がグループ内の主担当企業として任されているとみられる。
　さらに、③の特徴からは、車輌単位や製品単位で、基本設計から詳細設計、図面作成、評価までの一連の設計プロセス業務を委託される「まとめ委託」が実現化していることが明らかである。この「まとめ委託」の実現は、グルー

プ内アウトソーシング企業が製品設計の技術レベルを高めて、設計プロセスの上流工程へと、その業務領域を拡大していることを意味している。以上より、自動車産業界に広くいきわたった3次元CADを、製品設計の現場の実務において取り扱っているのは、株主企業の製品設計者と共に、グループ内アウトソーシング企業の技術者である。

さらに、次の点が明らかである。3次元CAD操作に関してはグループ内アウトソーシング企業が全グループ内の主担当企業として、効率化などに責任を持って取り組んでいる。

図8-5 CADによる設計業務の流れとアウトソーシングの業務分担の変化の概要

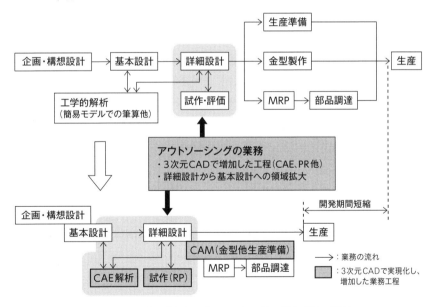

A. 1990年頃の2次元CADでの設計の流れとアウトソーシングの業務分担

B. 現在の3次元CADでの設計の流れとアウトソーシングの業務分担の概要
（「まとめ委託」の一例）

注）筆者作成

そして、業務の委託元である株主企業の製品設計者も、グループ内アウトソーシング企業の技術者と同一の3次元CAD教育を受講し、3次元CADを駆使しながら製品設計業務を遂行している。

また委託元企業の製品設計者は、3次元CADで実現可能となり設計の流れに追加された業務であるCAE解析、RPなどをグループ内アウトソーシング企業に設計プロセスの一部として委託している。

以上から浮かび上がってくる現時点での3次元CADでの設計の流れとアウトソーシングの業務分担の概要を、1990年頃の2次元CADでの設計の流れと対比して、**図8-5**「CADによる設計業務の流れとアウトソーシングの業務分担の変化の概要」に示した。

図8-5より明らかなのは、2次元CADでの設計の流れ（上部A）と比較すると、3次元CADでの設計（下部B）においてはCAEなどの工程が増加したこと、また技術アウトソーシング企業の技術者がそれらの工程を主に業務分担していることである。

5.2 欧米発3次元CADの日本での適合性

いっぽう、日本の自動車産業界が使用している3次元CADは、そのほとんどが欧米発の市販のパッケージ型CADである。その状況については、「欧米発3次元CADのネットワーク財化と業界標準化」とみなし、懸念を表明する意見が述べられている（藤本2006.3）。

すなわち、「分業型開発を背景に生まれた欧米発CADは、例えば設計技術者が構想し、オペレーターが形状を作るという図面工依頼の分業の原則にしたがって、後者しか使いこなせない複雑な操作のCADを開発する傾向がある。しかしそれは、設計者とオペレーターがチームとなって皆で設計図に触る、という日本企業の統合型製品開発には合わない」と言われる。そして、「日本企業の得意とする協調環境でのチームワーク作業と相性の良い「インターフェース」的な統合型設計支援ソフトを日本で開発・普及させることを提案」している（藤本2006.3、新木2005）。

さらに、製品設計者の行動の視点からは「CAD化されても日本の場合は、

設計者自からがCADを操作するのが通常であった。実際に、設計者はCADをつかっているうちにアイディアや、「ひらめき」を得ることが多い。自らCADを操作するので、出図前にCADの中だけで繰り返し推敲することが可能だ。これをオペレーターに依頼していたら、途中で推敲することにはならない」（新木2005）と、欧米発3次元CADに対する懸念が述べられている。なお、この欧米発3次元CAD導入の背景には、さまざまな検討・議論・選択があったと考えられる。具体的には、自動車産業での開発・購入業務が国際化する中において、海外のサプライヤなどの間にすでに普及し業界標準化している欧米発の市販パッケージ型CADを導入しない場合のデメリットの大きさと、日本での使い勝手の悪さ、との間のさまざまな議論である。

欧米発CADを採用しない場合のデメリットとは具体的には、提携先の欧米自動車企業やグローバル展開する国際的な大手自動車部品メーカーとの共同開発に大きな支障が予測されたことである。

5.3　3次元CADによる製品設計の現状

そこで、改めて3次元CAD活用の仕組みの視点から、今回の調査結果に基づき、現在における日本自動車産業界での3次元CADによる設計実務の状況についてまとめ、その特徴を明らかにする。

「日本での3次元CAD活用の仕組みの特徴」

(1) 製品設計者は自らCADを操作し、企画・構想設計、基本設計などの主要な設計活動を実施している。

(2) (1)以降の設計工程については、その一部がグループ内アウトソーシング企業に「まとめ委託」として依頼されている場合がある。そして、その委託業務をグループ内アウトソーシング企業は、設計知識を持ちかつ設計経験を積んだ技術者により、基本設計を含む一連の「まとめ委託」として実行している。単なるオペレーターによる入力作業ではない。

(3) 3次元CAD導入で増加した各CAE解析、RP、DMUなどの各工程は、グループ内アウトソーシング企業に依頼している場合が多い。グループ内アウトソーシング企業はCAE用モデル作成、解析用メッシュデータ作成など、3次元CADシステム操作に習熟している。

　以上の3点が日本における自動車産業での製品設計における3次元CAD活用の仕組みの特徴である。

6. 3次元CAD活用の日本型フロンティア

　そこで、この「3次元CAD活用の仕組みの特徴」について、欧米発の3次元CAD導入に対して懸念が示された前述の2点から見るとどう変化しているのかという視点から、検証を加える。懸念される2つの視点とは、欧米発の3次元CAD導入により、日本企業の得意とする「設計者自らのCAD操作による設計の繰り返しの推敲作業」そして「他部署との協調環境でのチームワーク作業」がどう変化しているのかである。

　その結果、次の4点が明らかである。

(A) 委託元設計技術者は、構想設計・基本設計の上流工程を主体にして、自らCADを活用して基本点を設計検討のうえ、技術アウトソーシング企業に委託している。

(B) 3次元CADでの設計検討は、委託元の設計技術者自らと設計経験のある技術アウトソーシング企業の技術者が役割分担し、協調して実施している(朴他2008)。したがって、同レベルの設計知識を持った両者による視点を変えた新しい日本流の繰り返し推敲作業が実行されている、といえる。

(C) 3次元CAD導入で、フロント・ローディングとして増加した各種CAE解

析、RPなどの工程は、設計知識を保有した技術アウトソーシング企業の技術者が専門的に処理している。

（D）製品設計者は業務のアウトソーシングにより軽減した業務時間を他部署との調整などに充当している。

　欧米発の市販のパッケージ型CADの導入は、日本企業の統合型製品開発の文化や体制には合わないとの懸念が導入時には出されていた。しかし、この研究での調査結果によると、杞憂であったとみられる。現時点では、製品設計技術者と技術アウトソーシング企業の技術者が、それぞれの特徴を生かした役割分担での協調作業により業務を遂行している。
　具体的には、技術アウトソーシング企業は、詳細設計に関する設計知識と経験および3次元CAD操作の習熟度とを基本としている。そして、さらなる設計技術力向上により、詳細設計から基本設計へと担当する設計プロセスの領域を拡大して、「まとめ委託」を可能としている。
　CAE解析に関しても、その設計知識と3次元CAD操作の習熟度を基本に、各種CAE解析の解析用モデル作成から解析結果評価までの一連の領域を担当している。
　また、委託元製品設計者は、業務のアウトソーシングにより余裕のできた時間を、製品の複雑化・システム化などに適切に対応するために関連部署との調整などに充当している。これにより、日本企業の強みである擦り合わせ技術力を、さらに強化させることが可能となり、世界市場での競争に勝ち抜いているといえる。
　つまり、3次元CAD活用の日本型フロンティアとして、次のような仕組みがつくられ運用されている、といえるのではないだろうか。

[3次元CAD活用の日本型フロンティアの仕組み]
　「製品設計に強い委託元製品設計者と3次元CADに強みを持つ委託先技術アウトソーシング技術者の双方が、製品設計に関する設計知識・技術と3次元CAD活用力を広い範囲で共有しながら、業務分担体制を築いている。

さらに、一連の設計プロセスを一括して委託する「まとめ委託」により、委託元技術者の重点領域への集中活用が可能な体制を構築している」

以上に述べた、日本の自動車産業における製品設計での3次元CAD活用の仕組みの特徴は、図8-5「CADによる設計業務の流れとアウトソーシングの業務分担の変化の概要」にも示している。

7.「日本型フロンティア」の更なる展開
　　　──「まとめ委託の促進」

　前節までにおいて、3次元CAD活用の仕組みが、企業競争力向上の大きなポイントであること、そのためには、データ入力からCAE活用領域の拡大さらには効率化までの広い範囲にわたる仕組みの改良・活用などが重要であること、が明らかとなった。そして、日本の自動車産業においては、製品設計者と技術アウトソーシング企業の技術者とが、3次元CAD活用の仕組みを中心にして、お互いの特徴を生かした役割分担での協調作業により業務を遂行していること。また、この協調作業により日本企業の強みである擦り合わせ技術力を更に強化させることが可能な「日本型フロンティア」の仕組みが作られ、運用されていることを述べてきた。

　さらに、この「日本型フロンティア」の仕組みにより、製品設計者とグループ内技術アウトソーシング企業との業務役割でのオーバーラップが可能となり、日本流の3次元CADの効果的な活用体制が確立され実行されている。そして、日本企業の得意とする協調環境でのチームワーク作業は、製品設計者と生産部門などの他部署間およびグループ内技術アウトソーシング企業技術者との間で維持され、さらに強化されていると考えられる。

　これらのことより、3次元CAD活用の「日本型フロンティア」の仕組みの主体である「まとめ委託」の更なる拡大・促進は、委託元企業の競争力向上につながる非常に重要な施策であると考えられる。

　いっぽう、3次元CADの導入により、製品設計・開発の工程においては、強度解析、熱解析などのCAE解析やRPなどの工程が増加している。つまり、

フロント・ローディングである。これに対しては、製品設計者だけでは質・量の両面で対応が困難となるなか、人的な増員、専任部門の新設、教育などの施策が取られてきている。

　この状況変化は、組織論の視点からみると、3次元CADの導入が設計に関わる組織の多層化を招いたということであり、この変化にどう対応していくかが今後の課題である。とくに、日本企業における製品開発の特徴の1つである、CAD作業における製品との格闘・対話から生じる設計者の「ひらめき」「気づき」などの勘所の押さえ方などの伝承・教育がポイントと考える。

　つまり、車輛メーカーおよび自動車部品メーカーそしてグループ内技術アウトソーシング企業における、暗黙知の形式知化促進を主体にした暗黙知の修得・継承の仕組み作りと実行、が今後の重要施策となってくると考えられる。

8. おわりに

　デジタル情報技術を駆使した3次元CADは今や、設計活動の各プロセスにおいて、委託元の設計技術者や多くのアウトソーシング企業の技術者が取り扱う設計ツールとなっている。本章では、この3次元CADに焦点をあて、その機能やインパクトについて考察した。

　その中から浮かび上がってきたのは、3次元CADへのデータ入力およびCAEなどの関連業務を主体にして、グループ内技術アウトソーシング企業が業務領域を拡大しているという点である。とくに、グループ内技術アウトソーシング企業に特徴的にみられる、基本設計から詳細設計までの一連の「まとめ委託」の役割分担の仕組みは注目される。

　この仕組みは、委託元企業とアウトソーシング企業間の技術者による協調体制を構築し、さらに委託元企業の人的資源の重点領域への転換活用を可能としている。そして、今後の委託元企業の競争力強化につながっていく重要な、そして日本の特徴を生かしたオリジナルなシステムと考えられる。

　いっぽう、3次元CADの導入は設計に関わる組織・役割の多層化をもたらしている。そうした中、日本企業における製品開発の特徴の1つである情報と

ノウハウの擦り合わせ、すなわちCAD作業における製品との格闘・対話から生じる設計者の「ひらめき」「気づき」などをいかに各層へ確実に伝達し反映させていくか、が今後ますます重要になると考えられる。つまり、車輌メーカーおよび自動車部品メーカーそしてグループ内技術アウトソーシング企業において、暗黙知の形式知化を主体にした暗黙知の修得・継承の仕組み作りと実行が、今後の重要施策となってくると考えられる。

　以上の議論をふまえ、次章では「まとめ委託」の促進と拡大に焦点を絞って考察を加える。

9章 「まとめ委託」の促進・拡大

1. はじめに

　前章までにおいて、日本の自動車産業における技術アウトソーシングの概要とその特徴について、とくに製品の設計・開発業務に焦点を絞って、現状の調査分析を行ってきた。これにより、技術アウトソーシングの構造・特徴、その役割などについて明らかにした。

　また、設計に関する技術アウトソーシングの役割を考察するために、設計とは何かについて、具体的な設計プロセス、設計に必要な知識まで掘り下げ、検討を行った。さらに、設計プロセスに大きな変化をもたらしている3次元CADについて、その概要・効果さらには技術アウトソーシング業務との関係などについて考察をおこなった。3次元CADは、現在の設計業務では必要不可欠なツールとなり、また技術アウトソーシング企業の多くの技術者が主体的に取り組んでいる最先端の技術である。

　そして、3次元CADの仕組みをどう活用していくのか、いかに効率的に運用していくのか、などが企業競争力の重要なポイントであることについて考察をすすめてきた。

　さらに、日本の自動車産業においては、「まとめ委託」により製品設計者とグループ内技術アウトソーシング企業との業務役割でのオーバーラップが可能となり、日本流の3次元CADの効果的な活用体制が確立され実行され始めていることを明らかにしてきた。

　以上をふまえ、本章では、業務を委託する企業の競争力向上に資する技術

アウトソーシングの今後の役割と課題に焦点を絞って考察し、「まとめ委託」の拡大・促進を主体にした提案を述べ、締めくくりとしたい。

2. 基本的考え方
──アウトソーシングの役割

　委託元企業の競争力向上に資する技術アウトソーシングの今後の役割について考察するにあたり、序章の冒頭でも述べたが、活用の基本的考え方を改めて次のように位置付ける。

［技術アウトソーシング活用の基本的考え方］
　国際競争の激化、技術の急激な変化などに対応していくためには、時間軸が非常に重要な要素となってきている。たとえ、自社のコア分野であっても、製品企画・開発・設計から生産までの全てを内製化したのでは、開発速度など時間競争で負けてしまうといったリスクが高まっている。つまり、企業における内外資源の組み合わせとその活用が重要な要素となってきている。この視点から、限られた経営資源で、スピード感を持って最適解を探索・決断・実行していく有効策として、アウトソーシングの活用を位置付ける。

　そして、前章までに述べてきた自動車産業における主力の自動車メーカーおよび部品メーカーでの技術アウトソーシング活用の実態調査からも、この考え方に基づく活用状況が確認できたといえる。
　これをふまえて、委託元企業の競争力向上へ貢献する技術アウトソーシングの役割への基本的考え方は、「設計補助」から「設計分担」への転換だと考える。
　その理由を次に述べる。2020年代を見据えての自動車産業における競争は、EV・自動運転などを狙いとした革新的な技術開発と、発展途上国を狙いとした設計・生産の現地化などのグローバル化が大きなターゲットになっていく。委託元であるメーカーにおいては、技術者の人的資源を上記の重点技術

分野へ集中的に活用可能な組織体制を構築することが重要課題となる。そして、技術アウトソーシング企業の基本的役割は、委託元であるメーカーにおいて人的資源を集中的に活用する体制が構築可能となるように、委託元の設計技術力を質・量的に補完することであると考えるからである。

具体的には、技術アウトソーシングの役割は「まとめ委託」の促進、つまり適応製品・担当技術領域の拡大が主体となる。さらに、自動車産業の重点課題であるグローバル化には、この「まとめ委託」の海外展開を含めて、委託元メーカーの海外現地化設計促進への主体的参加が重要となる。

この視点から、①「「まとめ委託」の促進」に加えて、②「国内外の技術者有効活用の仕組み作り・運用」③「暗黙知から形式知への転換促進」の3点を今後の役割と考え、その考え方と内容を以下に述べていく。

3.「まとめ委託」の促進

まず、①「「まとめ委託」の促進」である。
この「まとめ委託」の効果は、次の4点である。

(1) 委託元の人的資源を重点領域へ集中活用可能
(2) 委託元・委託先での業務受け渡しに伴う、双方による検査・確認などの重複作業削減（「部分委託」との比較視点）によるコスト低減
(3) 専門作業の継続による委託先の技術力・組織力向上
(4) 技術者の意欲向上（委託元：重点技術分野への転換、委託先：製品設計への関与増大）

企業競争力の視点からは(1)(2)(3)が取り上げられるが、特に(1)の視点が重要である。「まとめ委託」の促進により、委託元においては、それ以前は自社社員が担当していた業務を外部に委託する。そして自社社員は、今後の競争力の源泉と考えられる他の重点分野に集中配置し、内外人的資源の有効活用が可能となる。また、グループ内技術アウトソーシング企業は、委託さ

れた業務に専門的に対応していくことで、その技術力・組織力の向上をはかる。この委託元・委託先双方の活動は総合的に業務の効率化、質の向上へとつながっていくと考えられる。

したがって、委託元と委託先がともに「まとめ委託」の促進を主の役割として捉え、業務量、対象製品、さらには業務領域の拡大などに積極的に取り組むことは非常に重要であり、委託元企業の競争力向上に大きく貢献していくと期待される。

4. 国内外における技術者有効活用の仕組みつくり・運用

②の役割は「国内外の技術者有効活用の仕組み作り・運用」である。②を今後の重要な役割と位置付ける目的は、技術アウトソーシング企業における役割の概念を、従来の「委託業務の高品質で効率的な処理」の狭い範囲に留めず、「国内外の技術者資源の有効活用の仕組み作りとその実現」と、大きく捉え直す点にある。

この役割認識に基づいて、現時点においても少数ではあるが（株）日産テクノ、シーケーエンジニアリング（株）など複数の技術アウトソーシング企業が、委託された業務の処理、効率化、質の向上だけにとどまらず、その活動領域を大きく広げ効果を上げている。その活動内容は、5章末の資料5-1に示した。これらの活動は、委託元企業の国際競争力向上に大きく結び付いていくと考えられる。

その理由を次に述べる。この研究で明らかになってきたように、委託元である各メーカーからのグループ内技術アウトソーシング企業への委託業務領域は大きく拡大している。その業務領域は、自動車において今後予想される技術変革や市場ニーズ変化に対応して、業務領域・業務量がさらに拡大していくと予測される分野である。具体的には、3次元CAD活用に伴うCAEなどの関連業務および各種制御システムの新規採用や高精度化・高機能化に伴う組込みソフト設計業務などが主体である。

したがって、その委託業務拡大要求に対しては、委託を受ける技術アウトソーシング企業自身が、現在の施策の継続ではなく、国内外の技術者資源を有効に活用する新体制を構築し将来に備えて積極的に対応していく必要性がある、と考えられるからである。

5. 暗黙知から形式知への転換促進

次に、③「暗黙知から形式知への転換促進」の役割について、その考え方を述べていく。

8章にて、今や設計活動の各プロセスにおいて、委託元の設計技術者や多くのアウトソーシング企業の技術者が取り扱う設計ツールとなっている3次元CADに焦点をあて、その機能やインパクトならびに技術アウトソーシングとの関連性について考察した。

そして、暗黙知の形式知化を主体にした暗黙知の修得・継承の仕組み作りと実行が、今後の重要施策となってくる、との課題を示した。

また、自動車産業の海外生産移管拡大、それにともなう海外現地での車輌開発・設計の展開が進む中、国内で現在展開されているアウトソーシングを含めた技術開発体制を、海外でどう展開していくかについても、非常に重要な課題として浮上してきている。その背景は、日本においては各技術者の持つ暗黙知の擦り合わせが多くの課題解決につながり、設計・製造技術力を生み出してきているからである。また、日本の製造業が設計・製造技術を競争力の源泉としえた仕組みは、技術者間の年代や部門間を跨いだスキンシップ・ネットワークに他ならないと考えられる（中島1995）からである。

これらの課題解決策として、設計・開発業務においては、グループ内アウトソーシング企業が「暗黙知から形式知への転換促進」を自らの役割として認識し、実行する役割を担うべきである、と提言する。また、この役割を担う組織としては、グループ内アウトソーシング企業がグループ内での最適任組織である、と考える。

この根拠は、つぎの2点である。

① [最適任組織]

グループ内技術アウトソーシング企業は、暗黙知の形式知化を組織の固有技術として経験・保持している企業である。その理由は、設計業務の委託を受けるグループ内技術アウトソーシング企業の多くの技術者にとっては、その業務ではニュー・カマーである。したがって、グループ内技術アウトソーシング企業は、新しく委託された業務に対して、その業務遂行のためのポイントの聞き込み・資料の要求・社内ドキュメントへの落とし込みなどを組織的に実行してきた。つまり、形式知化のための経験と固有技術を蓄積しているのである。

② [関係部署とのネットワーク]

グループ内技術アウトソーシング企業は、委託元企業の社内関係各部署とのスキンシップ・ネットワーク（中島1995）を、一連の「まとめ委託」業務の推進を通して、委託元と同一レベルで構築している。したがって、そのスキンシップ・ネットワークを通して関係各部署からの漏れの無い情報収集が可能である。

　なお、この「関係部署とのネットワーク」構築レベルを重要視するのは、先に述べたように日本の製造業が設計・製造技術を競争力の源泉としえた仕組みは、技術者間の年代や部門間を跨いだスキンシップ・ネットワークに他ならないと考えられる（中島1995）からである。

　以上の考え方に基づき、グループ内技術アウトソーシング企業が、その経験と固有技術そしてスキンシップ・ネットワークにもとづいて、「暗黙知から形式知化への転換」を委託業務として推進していく。そして、現在「まとめ委託」を行っている製品毎に形式知化を展開していくのである。

　形式知化の手順は、先程も述べたが、その製品においてはニュー・カマーの視点で情報収集・整理・検証を行っていく。そして、具体的には、製品・部品の基本コンセプトから、1つ1つの部品の形状そして公差を含めた寸法、部品材料までの検討・選択の理論的背景、さらには品質保証項目と各部品・寸法との理論的つながり、などを聞き込み、整理し、文章化していく。さらに、委託企業側と、その内容について工学的検証・再調査・修正などをおこない、委託元企業の正式な社内規定ドキュメントとして完成させるのである。

6. リスクへの対応

　一方、筆者の実務経験からは、日本では一般企業においては暗黙知の形式知化はコア技術流出のリスクを拡大させる、との考え方が根強い。一般論として、このリスク拡大の捉え方は間違いではないと考える。しかし、暗黙知は暗黙知のままで人から人への伝承に委ね続けることは、製造そして設計・開発の海外現地化などグローバル化の推進と逆行するものである。

　したがって、暗黙知の形式知化により、製品に関わる設計・製造などの関連技術を「見える化」する。さらに「見える化」された関連技術を充分に検討・議論することにより、「守るべき技術」を明確にして整理する（渡邉政嘉2011）との考え方を採用すべきではないだろうか。

　そして、技術の「見える化」をノウハウ保護の基本的方針として、「暗黙知の形式知化への転換促進」を技術アウトソーシング企業が主体で業務として進めることが重要である。

　さらに、明確にした「守るべき技術」の機密保護体制の構築が必要である。機密保護基準の制定、基準遵守の必要性教育、遵守状況の定期的点検などを盛り込んだ遵守体制の整備と運用が必要であることを付け加える。ただし、上記の遵守体制整備・運用・推進などを担当する部署におけるメンバーの就業意欲維持・向上などは、一般的には日本企業の弱点である。トップの積極的な関与など、企業の重点施策として取り組む工夫が必要と考える。

　以上述べてきた、「「まとめ委託」の促進」「国内外における技術者有効活用の仕組みつくり・運用」「暗黙知から形式知への転換促進」の3つが、業務を委託する企業の競争力向上に資する技術アウトソーシング企業の今後の役割への提案である。

　また、各提案に対しては、それぞれ難易度の高い課題が存在するが、それぞれの課題については割愛する。本書においては、技術アウトソーシングの本質的課題に焦点を絞って、つぎに議論を進めていく。

7. 今後の課題
──「待ち・受け身」姿勢からの脱却

　技術アウトソーシングの今後の課題として、「待ち・受け身」の業務姿勢からの脱却があげられる。

　「「待ち・受け身」の業務姿勢からの脱却」とは何か。具体的には、「技術アウトソーシング企業は委託業務の遂行にあたり、課題・問題解決、業務効率化、品質改善など多くの視点からの自主的で積極的な提言・提案姿勢を持つべきである」との指摘である。この指摘は、現在アウトソーシング業務に直接かかわっている複数の実務管理者へのインタビューにおいて、今後の最重要課題として多くの管理者が指摘した内容である。

　この「待ち・受け身からの脱却」の指摘が生じた背景を説明すると、一般的に委託業務は、業務のアウトプットとそのプロセスがあらかじめ委託元から指定される場合が多い。その理由は、委託元は多くの経験から委託元自身の業務プロセスを最適と判断・決定しており、そのプロセスそしてアウトプットを指定する場合が多いからである。つまり、アウトソーシング企業の最重要課題は、あらかじめ指定されたプロセスを正しくかつ効率的に遂行し結果に結び付けていくこと、となる。

　そして、その業務遂行過程で問題が発生した場合には、技術アウトソーシング企業の行動は、その問題発生の委託元への報告と同時に、委託元からの解決方法の指示を待つ、という業務姿勢が一般的となっている。また委託元自身も、問題の速やかな報告と、委託元からの指示に基づく解決策の遂行を委託先に指示・要求する場合が多い。

　その結果として、技術アウトソーシング企業は「待ち・受け身」が業務遂行の基本的姿勢になっていると考えられる。とくに、グループ内アウトソーシング企業への業務の委託・受託の場合には、この状況が多いと考えられる。

　しかし、本章で述べてきた今後に期待される役割は、技術アウトソーシング企業にとって未知の領域である。とくに「国内外の技術者有効活用の仕組み作り・運用」と「暗黙知から形式知への転換促進」の2つは、委託元企業にとっても未知の領域である。つまり、委託元にも経験者・相談者が存在しない業

務への挑戦となる。したがって、「「待ち・受け身」の業務姿勢からの脱却」が最重要課題として大きく浮上してくるのである。

8. おわりに

　本章においては、委託元企業の競争力向上に資する技術アウトソーシング企業の今後の役割と課題に光をあてた。
　そして、「設計補助」から実質的「設計分担」への役割転換に向けて、「まとめ委託」の促進を中心とする3つの役割を提案した。さらに、「待ち・受け身」からの脱却が、技術アウトソーシング企業の最重要課題である、と指摘した。
　この役割・課題の認識は、委託元企業の競争力強化につながり、ひいては日本の「モノづくり」産業の競争力強化に結びつくにちがいないと考える。とくに市場のグローバル化による世界的な技術力競争の中では、各組織が有機的に機能していくことが求められている。この視点からも技術アウトソーシング企業の「待ち・受け身」からの脱却は非常に重要な課題である。

終章

技術アウトソーシングを活かした競争力強化

1. 経営変革へのまなざし

　技術や市場などの経済環境は大きく、急激に変わりつつある。その環境に合わせて企業が自らを変えていくには、まず自社に対する「もの」の見方を変える必要がある。それは、自社をみる目が変われば、社員の目に映る世界や、頭に浮かぶ選択肢も変わっていくからである。そこを変えることが経営者の最大の役割であり責務である。

　この大きな技術変革の流れに自在に対応し、これまでにない新しいアイディアやコンセプトを思いつくスキル、それを製品としてシステムとしてまとめ上げる力と信念、そしてそれを決断し果敢に実行していく新しい力が、人そして組織に求められるのである。また、鶴は「大きな技術変革の流れに対しては新たな人的資本投資が必要なのである」と述べている（鶴光太郎2015.9.15）。

　「成功体験は変革の障害」とは一般でもよく言われる言葉であるが、筆者の長い設計技術者としての経験では、技術の領域では、その言葉がより一層良く当てはまる。背景には成功者ゆえの実績への執着心・自負心、そして新しい技術への適応力不足の2つが存在すると考えられる。執着心・自負心が負の要因となりえることは、他の領域でもしばしば語られる。一方、新技術への適応力は、自らが築き上げてきた過去の技術的暗黙知が障壁となり、それに加えて、新しい技術への理解不足に基づく技術者ゆえのもどかしさ・苛立ちが拍車をかけていると考えられる。

2. 技術自前主義からの脱却

　この新たな人的資本投入の重要な戦略の1つとして、技術の自前主義からの脱却そしてアウトソーシングの活用が位置付けられる。

　とくに、限られた人的資本の中から、技術自前主義脱却戦略を進める人材を生み出していくのがアウトソーシング活用である。

　技術が変わっても「ものづくり」の本質は変わらない。自社の「ものづくり」の本質を支え、その暗黙知を知る有為な人材を、この重要戦略に投入する。このことにより、「ものづくり」の本質、自社の「強み」を継承し、かつ技術・市場変革に自在に対応していくことが肝要である。

　日本企業の特徴の1つともいわれる関連企業を含めた自社グループ内で開発・保有する技術で変化に対応する技術自前主義は限界を迎えている。自社のコア分野であっても、製品企画・開発・設計から生産までの全てを内製化したのでは、開発速度など時間競争で負けてしまうといったリスクが高まっているのである。

　本書においては、外部の専門企業への委託を通して外部資源を活かす技術アウトソーシング活用が市場競争力の強化戦略としてきわめて有効であることを述べてきた。

　そこで、輸出立国日本の屋台骨を支え、高い国際競争力を保持する基幹産業としての日本の自動車産業の製品設計・開発、生産技術などの技術領域の業務に照準をあてた。そして、筆者の設計経験に基づいた設計現場の現地調査・分析を行い、アウトソーシング利用企業の競争力向上に資するアウトソーシングとはどのようなものか、その課題は何かを明らかにし、提言を行った。

3. 自動車産業における 技術アウトソーシング活用の特徴

　自動車産業界では、社内外を含めた多面的な資源活用策の1つとして、自動車メーカー・主要自動車部品メーカーにおいて、グループ内子会社に業務

を委託する技術アウトソーシングが活用されている。

その委託業務は、3次元CADとその関連業務であるCAE解析、3次元CAD教育、そして、組込みソフト関連業務が主体である。さらに、車輛単位や製品単位での一連のプロセスを委託する「まとめ委託」がグループ内子会社を中心にして実施されている。

そして、「3次元CAD活用の日本型フロンティアの仕組み」とも呼べる業務体制を創りあげている。それは、「製品設計に強い委託元製品設計者と3次元CADに強みを持つ委託先技術アウトソーシング技術者の双方が、製品設計に関する設計知識・技術と3次元CAD活用力を広い範囲で共有しながら、業務分担体制を築いている。さらに、一連の設計プロセスを一括して委託する「まとめ委託」により、委託元技術者の重点領域への集中活用が可能な体制を構築している」のである。

また、別途実施した業務委託・受託を現場で直接管理している実務管理者へのインタビュー調査の結果によれば、「まとめ委託」の評価は非常に高いものであり、回答者の全員が「まとめ委託」の領域拡大に賛成の見解であった。

そして、委託元においては業務委託により創り出された時間を、将来の競争領域と考えられる分野での技術力強化にパワー・シフトさせている。具体的な例としては、自動車におけるシステムの高機能化・高精度化・大規模化を、より競争力ある形で実現していく為に、より高度で精緻な「技術の擦り合わせ」業務などを強化しているのである。

また序章にて述べたが、自動車における技術革新・技術経営の視点からは、車のネットワーク化・技術の多層化・技術のオープン化などの新しい課題への戦略的な対応が予測される。そして、これら諸課題への対応を自らの競争力へ確実に結び付けていくための技術検討・戦略立案・実行に、より多くの人的資源を投入していく必要がある。

4. 技術アウトソーシングの役割と課題

[役割]

　本書においては、技術経営の視点から「ものづくり」の中心を構成する技術領域、そのなかでも設計に焦点をあて、アウトソーシングという視点から設計プロセスや設計知識にまで踏み込んで調査・分析を実施し考察を加えた。設計は、自然界には存在しない人工物を具現化するという人間のきわめて創造的な行為であり、設計を担う設計知は、人から人への伝達が難しい暗黙知が主体をなしている。すなわち、設計に関わる暗黙知は、過去にその設計活動を経験した人間が個人の知識とし保有しており、その継承には、本人の移動や、積極的継承活動の展開が必要な条件となる。

　いっぽう、この設計活動の各プロセスにおいては近年、デジタル情報技術を駆使した3次元化が進み、各メーカーの設計技術者や多くの技術アウトソーシング企業の技術者が取り扱う設計ツールは、3次元CADとなっている。そして、この3次元CADの導入により、製品設計・開発の工程においては、強度解析、熱解析などのCAE解析やRPなどの工程が増加している。さらに、これらの3次元CADの導入により増加した設計工程の多くは、技術アウトソーシング企業の技術者が主に担っている。

　すなわち、組織論の視点からみると、この3次元CADの導入は設計に関わる組織・役割の多層化をもたらしているのである。そうした中、日本企業における製品開発の特徴の1つである情報とノウハウの擦り合わせ、すなわちCAD作業における製品との格闘・対話から生じる設計者の「ひらめき」「気づき」などをいかに各層へ確実に伝達し反映させていくか、が今後ますます重要になると考えられる。つまり、車輌メーカーおよび自動車部品メーカーそしてグループ内技術アウトソーシング企業において、暗黙知の形式知化を主体にした暗黙知の修得・継承の仕組み作りと実行が、今後の重要施策となってくると考えられる。

　以上に述べてきた点をふまえ、本書においては「技術アウトソーシングの役割」として次の3つを指摘し、提案した。

[今後の役割]
1．「まとめ委託」の促進
2．国内外の技術者有効活用の仕組み作り・運用
3．暗黙知から形式知への転換促進

さらに、この役割を受けて今後の技術アウトソーシングの最重要課題は次の点にあると提言した。

[技術アウトソーシングの今後の課題]
1．「待ち・受け身」の業務姿勢からの脱却

　これらの指摘・提案の中でも、設計・開発業務においてはグループ内アウトソーシング企業が「暗黙知から形式知への転換促進」を自らの役割として認識し、実行する役割を担うべきであると具体的に提言している。その背景としては、この役割をになう組織としては、グループ内アウトソーシング企業がグループ内での最適任組織であるから、とその考え方を述べている。
　日本では一般的に、この考え方に対しては、暗黙知の形式知化はコア技術流出のリスクを拡大させる、との考え方が根強いことは充分に認識している。一般論として、このリスク拡大の捉え方は間違いではないと考える。しかし、暗黙知を暗黙知のままで人から人への伝承に委ね続けることは、製造そして設計・開発の海外現地化などグローバル化の推進と逆行するものである。
　したがって、暗黙知の形式知化により、製品に関わる設計・製造などの関連技術を「見える化」する。さらに「見える化」された関連技術を充分に検討・議論することにより、「守るべき技術」を明確にして整理する（渡邉政嘉2011）との考え方を採用すべきではないだろうか。
　そして、技術の「見える化」をノウハウ保護の基本的方針として、「暗黙知の形式知化への転換促進」を技術アウトソーシング企業が主体で業務として進めることが重要である。
　さらに、明確にした「守るべき技術」の機密保護体制の構築が必要である。機密保護基準の制定、基準遵守の必要性教育、遵守状況の定期的点検など

を盛り込んだ遵守体制の整備と運用が必要であることを付け加えておく。

　これまで市場競争力強化を目的とした技術アウトソーシング活用の実態と課題などについて、現在の日本産業界の屋台骨を支えている自動車産業に焦点をあててきた。そして、その活用の特徴として業務を委託する委託元と、委託を受ける委託先が、業務の「分担と協調」を技術難易度などに応じて変化させながら、一連の設計プロセスを一括して委託する「まとめ委託」を適切に運用していること。その結果として、さらに強化すべき技術領域に委託元技術者がパワー・シフトできていることを明らかにしてきた。

　日本企業の特徴の1つとも言われてきた技術の自前主義は限界を迎えている。技術の多層化・オープン化が多くの製品で急速に進んでいる。その背景には、製品の多様化・消費者選択の多様化が可能になることが消費者ニーズへの答えの1つであることが、大きな理由として存在する。これをふまえ各産業・各企業において、改めてその産業構造そして技術構造を技術経営の視点から捉え直し、技術アウトソーシングを含めた内外人的資源の活用を経営戦略の最重要要件として検討されることを切望する。

付属資料一覧

◎付属資料-1

「技術系（情報システムを除く）業務における業務アウトソーシングに関する調査票」

アンケートにお答えいただく前にお読みください。

"本調査における「業務のアウトソーシング」とは、派遣社員に業務を委託したり、単発的に業務を外注したりするようなものではなく、年間単位など継続的に業務を委託し、また業務運営管理は委託先が実施し、さらに業務実施場所は委託先企業内または貴社内の明確に区切られた場所で行われている業務を指します。またグループ内企業へのアウトソーシングは含みますが、社内の一組織で業務を行うようなものは含みません"

なおご回答は、貴社の技術系（情報システムを除く）業務の担当部署または管轄部署の責任者（部長殿など）がご記入くださいますようお願い致します。

◎ ご回答に当たっては、それぞれの番号に回答内容が表示されていますので、質問文にしたがって、当てはまる内容の番号を○でかこんでください。
◎ なお、まことに恐れ入りますが、ご記入いただきましたアンケート用紙は7月29日（土）までに、同封の返信用封筒にて本調査票のみをご投函くださいますようお願い申し上げます。

--------------------- アンケート調査票 ---------------------

I. 貴社における業務アウトソーシング実施の有無およびその実施状況について

Q1. 貴社では現在、技術系業務の一部または全部をアウトソーシングしていますか。

1. している　　　2. していない

*1の場合にはQ2へ進んでください。2の場合には7頁のQ19へ進んでください。

Q2. 貴部門は、貴社における業務のアウトソーシングに対して、どの程度関与していますか。

1. 主導的立場で、関与している（してきた）
2. 主導的とまでは言えないが、状況は把握している（してきた）
3. 殆ど把握していない

Q3. 貴社の技術系部門では、どの程度業務をアウトソーシングしていますか。以下の各業務分野ごとに、各業務分野全体の業務量に対する発注割合についてあてはまる数字を選んでください。各数字はアウトソーシングしている業務の割合を表しています。

1：〜25%　　　2：26〜50%　　　3：51〜75%　　　4：76〜100%

*なお業務量は人工、時間、金額などいずれの算出方法でもかまいません。

	アウトソーシングしている業務の割合	〜25%	26〜50%	51〜75%	76〜100%
業務分野	設計・開発	1	2	3	4
	製造（生産技術を含む）	1	2	3	4
	実験・評価・品質保証	1	2	3	4
	その他	1	2	3	4

＊その他の場合には、その具体的業務内容を下の欄にご記入をお願いいたします。

Q4.貴社の技術系部門におけるアウトソーシング先の企業数は次の内のどれですか。

1．1社　　　2．2社　　　3．3～5社　　　4．6社以上

Q5.アウトソーシング先は以下のどれに相当しますか。（Q4.で複数社に委託している場合は、貴社にとって業務委託量の最も多い委託先）

1．自社の100％子会社
2．自社が部分的に出資している会社
3．自社とは資本関係のない会社

Q6.当該アウトソーシング先とは、過去にどの程度の期間の契約実績がありますか。

1．1年以下　　2．2年～5年　　　3．6～10年
4．11～19年　　5．20年以上

II. 貴社における、業務アウトソーシングの各種の状況について

Q7.アウトソーシングにあたって、委託業務内容は、その業務毎に一定のフォーマットに基づく定型的な文書（仕様書など）で、委託先に提示していますか。

1．はい　　　2．いいえ

＊1の場合にはQ7-1に進んでください。　2の場合にはQ8に進んでください

Q7-1．一定のフォーマットに基づく定型文書による委託は、委託業務全体の中でどのような割合になりますか。

1．～25％　　2．26～50％　　3．51～75％　　4．76～100％

Q7-2．一定のフォーマットの定型文書は、誰が作成していますか。

1．自社　　　2．委託先　　　3．自社と委託先

Q8．アウトソーシング先には、どの程度委託業務の前後の工程の業務に関する情報を提供していますか。委託先への情報の提供に関して、次の3つに層別して、委託業務全体に対するその割合を具体的に数字で記入してください。

注：この質問はたとえば、設計業務を委託する場合でも、前工程である企画の工程への参加や、後工程である評価の工程へ参加してもらうなど、委託する業務の前後（または前か後のみ）工程の情報を提供するような場合を想定しています。

情報提供の状況	業務の割合
委託していないが、前後工程（または前か後のみ）の一部（または全部）に、委託先メンバーに参加してもらっている	％
委託していないが、前後工程（または前か後のみ）の一部（または全部）に関する情報を、委託先に提供している	％
委託している業務のみの情報を、委託先に提供している	％

Q9．アウトソーシングを行うにあたって、貴社では業務の流れの見直しや、業務の標準化・規準化などをおこないましたか。以下の項目について、1（全く当てはまらない）から、5（非常によく当てはまる）までのスケールの中から選んでください。

注：委託している業務の種類などによって回答が異なる場合には、発注業務量の最も大きな最近の業務についてご回答ください。

		全く当てはまらない	少し当てはまる	当てはまる	よく当てはまる	非常によく当てはまる
見直し内容	業務の流れの見直しを行った	1	2	3	4	5
	標準的な設計手法・開発技法の採用など、業務自体の標準化を行った	1	2	3	4	5
	自社と委託先との業務のつながりについて、発注内容と納入成果物との関係を明確化した	1	2	3	4	5
	見直し結果を、文書で規準化した	1	2	3	4	5

Q10．アウトソーシングにあたって、委託先の選定時には、貴社は委託先の機密管理状況を検討していますか。アウトソーシング先の機密管理内容ごとに、1（ほとんど検討していない）、2（検討している）、3（充分に検討している）から、選んでください。

		貴社による検討状況		
		ほとんど検討していない	検討している	充分に検討している
委託先による機密管理内容	機密管理システムの有無	1	2	3
	機密管理システムの充実度	1	2	3
	機密管理システムの遵守度	1	2	3

Q11．外部の平均的なアウトソーサーと比較した場合、貴社の発注部門の能力は、どの程度あると考えていますか。設計・開発などの部門別に0（自社に部門がない）および1（かなり低い）から5（かなり高い）までのスケールの間で数字を選んでください。

注：部門の能力とは構成要員の技術力やノウハウだけではなく、設備面の能力も含みます。

			自社に部門あり				
		自社に部門なし	かなり能力低い	←	能力	→	かなり能力高い
業務分野	設計・開発	0	1	2	3	4	5
	製造（生産技術含む）	0	1	2	3	4	5
	実験・評価・品質保証	0	1	2	3	4	5
	その他	0	1	2	3	4	5

Q12．アウトソーシングにより、提供・納入されたサービスの質には、どの程度満足していますか。

1．非常に不満である　　2．やや不満である　　3．普通である
4．やや満足している　　5．非常に満足している

＊1、2を選んだ場合には、Q12-1へ進んでください。 3、4、5の場合にはQ13.へ進んでください。

Q12-1　不満の主な原因は、次のどれに該当しますか、あてはまるものを一つだけ選んでください。

1. やりなおしが多い　　　2. 間違いが多い　　　3. 自社でのチェックが欠かせない
4. 打ち合わせの回数が多い　　　5. その他

＊5の場合には下の欄内に、その理由を自由にご記入ください。

```
┌─────────────────────────────────────────────────┐
│                                                 │
│                                                 │
│                                                 │
│                                                 │
└─────────────────────────────────────────────────┘
```

Q13．アウトソーシング先とは、提供されるサービスの質などを定めた品質保証契約などを結んでいますか。

1. 結んでいる　　　2. 結んでいない

Ⅲ．アウトソーシングにおける成果や課題と今後の利用計画ついて

Q14．アウトソーシングした理由として、次の各項目はどの程度当てはまりますか。1（全く当てはまらない）から5（非常によく当てはまる）までのスケールのあいだで選んでください。

		全く当てはまらない	少し当てはまる	当てはまる	よく当てはまる	非常によく当てはまる
理由	コスト低減	1	2	3	4	5
	開発スピードを上げる	1	2	3	4	5
	最新技術の活用	1	2	3	4	5
	専門的知識・スキルの活用	1	2	3	4	5
	社内人材不足への対応	1	2	3	4	5
	業務量変動への対応	1	2	3	4	5
	自社の経営資源のコア業務への集中	1	2	3	4	5
	セキュリティ・リスクの軽減	1	2	3	4	5

Q15．アウトソーシングについて、実際にどの程度効果があがっていますか。次の各項目について、5つのスケールの中から選んでください。

<table>
<tr><th colspan="2"></th><th>全く当てはまらない</th><th>少し当てはまる</th><th>当てはまる</th><th>よく当てはまる</th><th>非常によく当てはまる</th></tr>
<tr><td rowspan="8">効果</td><td>コスト低減</td><td>1</td><td>2</td><td>3</td><td>4</td><td>5</td></tr>
<tr><td>開発スピードを上げる</td><td>1</td><td>2</td><td>3</td><td>4</td><td>5</td></tr>
<tr><td>最新技術の活用</td><td>1</td><td>2</td><td>3</td><td>4</td><td>5</td></tr>
<tr><td>専門的知識・スキルの活用</td><td>1</td><td>2</td><td>3</td><td>4</td><td>5</td></tr>
<tr><td>社内人材不足への対応</td><td>1</td><td>2</td><td>3</td><td>4</td><td>5</td></tr>
<tr><td>業務量変動への対応</td><td>1</td><td>2</td><td>3</td><td>4</td><td>5</td></tr>
<tr><td>自社の経営資源のコア業務への集中</td><td>1</td><td>2</td><td>3</td><td>4</td><td>5</td></tr>
<tr><td>セキュリティ・リスクの軽減</td><td>1</td><td>2</td><td>3</td><td>4</td><td>5</td></tr>
</table>

Q16．アウトソーシングについて、事前にどのような不安をもっていましたか。次の各項目について、5つのスケールの中から選んでください。

<table>
<tr><th colspan="2"></th><th>全く当てはまらない</th><th>少し当てはまる</th><th>当てはまる</th><th>よく当てはまる</th><th>非常によく当てはまる</th></tr>
<tr><td rowspan="6">不安</td><td>信頼できる委託先を見つけるのが難しい</td><td>1</td><td>2</td><td>3</td><td>4</td><td>5</td></tr>
<tr><td>必ずしもコスト低減ができるわけではない</td><td>1</td><td>2</td><td>3</td><td>4</td><td>5</td></tr>
<tr><td>技術ノウハウの流出が懸念される</td><td>1</td><td>2</td><td>3</td><td>4</td><td>5</td></tr>
<tr><td>特定の委託先に過度に依存してしまう</td><td>1</td><td>2</td><td>3</td><td>4</td><td>5</td></tr>
<tr><td>環境変化に臨機応変に対応できない</td><td>1</td><td>2</td><td>3</td><td>4</td><td>5</td></tr>
<tr><td>セキュリティの確保が難しい</td><td>1</td><td>2</td><td>3</td><td>4</td><td>5</td></tr>
</table>

Q17．アウトソーシングについて、現在どのような問題が生じていますか。次の各項目について5つのスケールの中から選んでください。

		全く当てはまらない	少し当てはまる	当てはまる	よく当てはまる	非常によく当てはまる
問題点	信頼できる委託先を見つけるのが難しい	1	2	3	4	5
	必ずしもコスト低減ができるわけではない	1	2	3	4	5
	技術ノウハウの流出が懸念される	1	2	3	4	5
	特定の委託先に過度に依存してしまう	1	2	3	4	5
	環境変化に臨機応変に対応できない	1	2	3	4	5
	セキュリティの確保が難しい	1	2	3	4	5

Q18. アウトソーシングについて、委託の継続、委託先、業務分野、業務量のそれぞれに関して、今後の計画として当てはまるものを、選んでください。

委託	1. 継続する	2. 中止する	
委託先	1. 変えない	2. 変える	
委託業務分野	1. 変えない	2. 変える	
業務量	1. 変えない	2. 増やす	3. 減らす

上記の考えの判断根拠、背景などについて、以下に自由にご記入ください。

＊Q20にお進みください。

Q19. アウトソーシングに対する今後の計画として、あてはまるものを選んでください。

1. 実施する
2. 実施しない
3. わからない

上記の考えの判断根拠、背景などについて以下に自由にご記入ください。

Q20．アウトソーシングの今後の展開に関する前記　Q18、19の質問に関する回答は、本年3月に発生した東日本大震災の影響を受けていますか。あてはまるものを次から選んでください。

1．（影響を）受けている　　　2．（影響を）受けていない　　　3．どちらともいえない

以上でアンケート調査を終わります
お忙しい中、アンケートにご協力いただきありがとうございました。

おそれいりますが、貴社名、ご回答者の所属部署、職位、連絡先並びにお名前をご記入いただければ幸いです。

	ご記入欄
社名	
所属	
役職	
お名前	
電子メールアドレス	

注記）「IS（情報システム）業務における業務アウトソーシングに関するアンケート調査票」について：「IS（情報システム）業務における業務アウトソーシングに関するアンケート調査票」の詳細については頁数の関係から記載を省略した。ここに記載した「技術系業務に関するアンケート調査との違いは次の3点だけである。①業務分野の呼称の違い：技術系業務⇒IS（情報系）②Q16＆Q17の不安、問題点の表現：「技術ノウハウ」⇒「IS機能のノウハウ」

◎付属資料-2

実務管理技術者への「製品設計業務のアウトソーシングに関する質問」

製品設計・開発における業務アウトソーシングの実態調査の一環としの各種の質問です。ご自身の体験・経験に基づきお答えください。なお回答内容については、複数回答者の内容を集計のうえ分析しますので、各人の回答内容・氏名などは一切外部に出しません。

I. 回答者の設計履歴（設計管理業務に従事した年数も含めて記入してください）

1．設計経験年数　　　　　　　　　　　　　　（　　　　年）

2．担当した製品名　＿＿＿＿＿＿＿＿＿＿＿＿＿＿＿＿＿＿＿＿＿＿＿＿

3．担当した設計業務の層別

　　新製品開発設計（技術新規度・変更度　大、中、小）　（　　　　年）
　　類似新製品設計　　　　　　　　　　　　　　　　　　（　　　　年）
　　流動品設計（指定無し）　　　　　　　　　　　　　　（　　　　年）
　　その他　　　　　　　　　　　　　　　　　　　　　　（　　　　年）

II. 「まとめ委託」について

1．「まとめ委託」の業務範囲は次のどこに該当しますか？

① 受注のための構想設計から、基本設計、詳細設計、製図、評価、量産移行の全工程
② 製品仕様確定後の、基本設計以降から詳細設計、製図、評価、量産移行の工程
③ 構成設計・基本設計確定後の詳細設計以降の工程

2.「まとめ委託」製品の技術的新規度・変更度は次のどこに該当しますか?

① 大（≒60%）　　②中（≒40%）　　　③小（≒20%）

3.「まとめ委託」業務の領域拡大をどう考えますか?

　　　　　　　　YES　　　NO　　　？

5.YESの理由は?（下記から1つ選択してください）

① Ｚ社技術部の負荷が軽減し、技術開発などを強化できる
② ZT社の技術力・組織力強化が図れる
③ ZT社技術者の意欲向上が図れる
④ その他　＿＿＿＿＿＿＿＿＿＿＿＿＿＿＿＿＿＿＿＿＿＿＿＿＿＿

6.NOの理由は?（下記から1つ選択してください）

① Ｚ社の技術ノウハウ流出のリスク大
② ZT社の技術力・組織力の限界
③ 業務遂行責任の大きな業務受託はZT社技術者の意欲低下を招く恐れ大
④ その他　＿＿＿＿＿＿＿＿＿＿＿＿＿＿＿＿＿＿＿＿＿＿＿＿＿＿

Ⅲ.

「まとめ委託」を含めて、ZT社はＺ社の競争力にどのような形で貢献していると考えますか。（次の10項目の中から3つを選んでください）

1. Ｚ社技術者と同等の技術力を保有し、業務対応できる。
2. Ｚ社技術者のサブとして補完的に業務対応できる。
3. Ｚ社技術者の中堅クラスと同等の技術力を保有し、中位レベルの業務対応ができる。
4. 技術人員の過不足に柔軟に対応できる。
5. 概略の設計仕様書で、客先・関連部署交渉から設計、評価そして出図までの一連の業務対応ができる。
6. 3DCAD、CAE（強度解析、熱解析など）などデジタル機器に関する知識および操作

習熟度が高く、任せられる。
7. Ｚ社と比較して各種作業の効率化が図られている。
8. 技術者の意欲が高く、難易度の高い業務にも挑戦し、実績を上げている。
9. ローテなどによりＺ社担当者無しの業務について、ZT社技術者が熟知し対応している。
10. 組織として設計の勘所を掴む力が高く、Ｚ社への要報告・相談事項と処置事項の判断が正しく遂行できる。

IV. Ｚ社技術部と比較したとき、ZT社の競争力をどう考えますか？

_____

V. 技術者の設計知識のレベルの違いを相対比較評価してください。

形式知	Ｚ社	ZT社
暗黙知	Ｚ社	ZT社

● ＞、＜、＝、≪、≫などで表してください。
● 形式知、暗黙知は知識の層別方法の１つであり、それぞれの持つ意味は次に示します。
・形式知：言葉や数字で表すことができ、厳密なデータ、科学方程式、明示化された手続き、普遍的原則などの形でたやすく伝達・共有することができる知識。
（工学理論、テキスト、技術仕様書、技術規格類、種々の技術マニュアルなど）
・暗黙知：非常に個人的なもので、形式化しにくいので他人に伝達して共有することが難しい知識。（具体的な構想設計解の案出し、設計スケッチをサッと書き出す能力、ヒラメキ、直感、体験からの五感、など）

VI. 3DCAD作業に関してどう考えますか？（YES or NOで回答してください）

1. 複雑な操作が多く、Ｚ社設計者には不向き

　　　　　YES　　　NO　　　？

2. 複雑な操作が多く、操作はZT社の熟練技術者にまかせる方がベター

　　　　　YES　　　NO　　　？

3. 業務委託は手間がかかるので、Z社設計者自身で操作するのがベター

　　　　　YES　　　NO　　　？

4. 業務委託は手間がかかるが、ZT社の熟練技術者にまかせる方がベター

　　　　　YES　　　NO　　　？

VII. 設計業務の遂行において活用する設計知識に関する質問です。

1. 各設計工程により、必要となる設計知識はどう違うと思いますか？

各設計工程毎に、その工程で必要かつ活用する設計知識を形式知と暗黙知に二分し、その二つを比較して、どちらが多いか少ないかを、記号で表してください。
（ ≫、≪、=、<、> など）（過去の設計体験をベースに感ずるままを記入してください）

	企画・構想設計⇒	基本設計 ⇒	詳細設計
形式知			
暗黙知			

＊製品の技術新規度・変更度は≒40％の中規模を想定してください。
・構想設計：市場調査によって得られた情報を基に製品の機能を明確化し、その機能を実現させる技術の方策を検討・立案し、製品の物理的構成を実体化した「計画図」を作成。
・基本設計：「計画図」を元に、基本的な性能を検討し具体的な物理的構造を検討・決定。
・詳細設計：基本設計を元に、製造に必要な細部にわたる設計。

2. 1.の設問において、技術新規度が変化すると形式知と暗黙知の活用の割合は、どう変わりますか？　同じ基本設計の工程でお答えください。

新規度・変更度	基本設計 (大≒60%)	基本設計 (中≒40%)	基本設計 (小≒20%)
形式知			
暗黙知			

参考文献一覧

◎まえがき
- 博報堂広報室 News(2015.7.10)――春節期における訪日中国人観光客の消費行動調査結果――「インバウンド・マーケティング・ラボ」

◎序章　自動車産業の国際競争力強化に向けた新たなアプローチ
- 根来龍之(2014.9.19)「産業の「多層化」企業を選別」日本経済新聞「経済教室」

◎1章　自動車産業の構造および特徴
- 日本自動車工業会(2013.8)「自動車産業の現状」
- 林上(2007)『都市交通地域論』原書房

◎2章　アウトソーシングとは何か
- Apte,U.M.(1991)"Global Outsourcing of Information Systems and Processing services," The Information Society, Vol.7
- アウトソーシング協議会(2001)『サービス産業競争力強化調査研究――アウトソーシング産業事業規模基本調査――調査報告書』平成11年度通商産業省委託調査
- 島田達巳(1992)「情報システムのアウトソーシング――その経営的検討――」『オフィス・オートメーション』Vol.13,No.4
- 島田達巳ほか(1995)『アウトソーシング戦略』日科技連出版社
- 十名直喜(2012)『ひと・まち・ものづくりの経済学』法律文化社
- 畑村洋太郎、吉川良三(2012)『勝つための経営』講談社現代新書
- 村上世彰、大石邦弘ほか(1999)『アウトソーシングの時代』日経BP社
- 吉川良三(2011)『サムスンの決定はなぜ世界一速いのか』角川書店

◎3章　アウトソーシングをめぐる先行研究の到達点と課題
- Berman, E.M. (1998) Productivity in Public and Non Profit Organization:Strategies and Techniques, SAGE Publication.
- Coase, R.H. (1988) TheFirm,The Market,and TheLaw, The University of Chicago Press.
- 『企業・市場・法』宮沢健一、後藤晃、藤垣芳文訳　東洋経済新報社、1992年
- Domberger, S. (1998) The Contracting Organization: A Strategic Guide to Outsourcing, Oxford University Press.
- Kern, T. and Wilcocks, L. P. (2000) "Cooperative Relationship Strategy in Global Information Technology Outsourcing", Cooperative Strategy, Oxford University Press.
- Pfeffer, J. and Salancik, G. R. (1978) The External Control of Organization, Harper & Row.
- Quinn, J.B. (2000) "Outsourcing Innovation: The Engine of Growth", Sloan Management Review, Summer, 13-28.
- Quinn, J.B. and Hilmer, F.G. (1994) "Strategic Outsourcing", Sloan Mangement Review, Spring. 43-55.
- Quinn, J.B. (1999) "Strategic Outsourcing: Leveraging Knowledge Capabilities", Sloan Management Review, Summer, 9.

- 安部忠彦（2003.10）「企業の研究開発における社外資源活用の実態と課題」富士通総研経済研究所『Economic Review』Vol.7 No.4
- 井上達彦（2005/4）「競争優位のシステム分析──（株）スタッフサービスの組織型営業の事例──」早稲田大学
- IT戦略研究所『ワーキングペーパーシリーズ』No.11
- 内田浩三、渡辺俊典（2008）「情報システム担当組織のための総合運営モデルの提案」『情報処理学会論文誌』Vol.49, No.2, Feb.
- 梅澤隆（2007）「ソフトウェア産業における国際分業──日本と中国の事例──」国際ビジネス研究学会年報(13) 1-19.
- 大井肇（2001）「ITマネジメントモデルにおけるアウトソーシングの位置付けと新しいITマネジメントモデルの形態についての提案」商経論集 29 (2), 25-40.
- 大石邦弘・太田信義（2012）「技術領域におけるアウトソーシング　その現状と問題点」名古屋学院大学論集（社会科学篇）Vol.49, No.1
- 奥西好夫編、小池和男監修（2007）『雇用形態の多様化と人材開発』ナカニシヤ出版
- 可児俊信（2011）『福利厚生アウトソーシングの理論と活用』労務研究所
- 河野英子（2008）「外部人材と競争優位──設計開発職場における技術系外部人材の役割──」『組織科学』Vol.41, No.4
- 木村琢磨（2008）「設計部門における請負・派遣人材の業務領域」大阪経大論集 58 (7), 277-288
- 木村達也（2004）「競争優位のアウトソーシング──ロジスティック──」富士通総研経済研究所『研究レポート』No.213, 2004 ,December
- 金堅敏（2005）「日本企業による対中国オフショア開発の実態と成功の条件」富士通総研経済研究所『研究レポート』No.233, 2005, July
- 久保木孝明ほか（2009）「アウトソーシングと情報セキュリティ問題──プリント業務のマネージド・サービスを題材として──」『情報処理』Vol.50, No.2, Feb.
- 桑原秀仁（2003）「ITアウトソーシングにおけるモラル・ハザードと逆選択」プロジェクトマネジメント学会誌 Vol.5, No.2
- 源田智（2008）「総務事務の集中化とアウトソーシング」『月刊LASDEC』平成20年5月号
- 児玉寛（2009）「BPO活用の形態について」野村総合研究所『知的資産創造』2009年2月号
- 澤井雅明（2010）「ITアウトソーシングが組織間関係維持に及ぼす有効性の検討」
- 日本経営診断学会論集 10 1-7
- 佐々木宏（2009）「アウトソーシングとITサービス産業のヒエラルキーの効率性」経営情報学会誌　Vol.17 No.4, March
- 佐藤博樹、佐野嘉秀、木村琢磨（2005）「設計部門における外部人材活用の現状と課題」東京大学社会科学研究所人材ビジネス研究寄附研究部門 研究シリーズ No.3
- 佐野嘉秀、高橋康二（2009）「製品開発における派遣技術者の活用」日本労働研究雑誌 No.582, Jan.
- 鹿生治行（2006）「製品設計における「請負・派遣」活用とマネジメント」『立教経済学研究』59 (3)
- 島田達巳（1992）「情報システムのアウトソーシング──その経営的検討──」『オフィス・オートメーション』Vol.13, No.4,
- 島田達巳ほか（1995）『アウトソーシング戦略』日科技連出版社
- 島田達巳（2001）「情報システムのアウトソーシング──企業・自治体比較を中心にして──」『組織科学』Vol.35 No.1
- 関口和代（2011）「アウトソーシング・ビジネスの現状と課題──BPOを中心に──」東京経済大学会誌 No.270 143-157.
- 千田直毅、朴弘文、平野光俊（2008）「仕事のモジュール化とスキル評価」日本労働研究雑誌 No.577/August
- 園田智昭（2001）「子会社方式によるシェアードサービスの導入」『三田商学研究』第44巻, 第3号

- 園田智昭（2001）「本社の一部門に業務を集中する形態でのシェアードサービスの導入」『三田商学研究』第44巻，第5号
- 田村健二、根来龍之（2005）「ITアウトソーシングの形態別特徴：長所と短所」『調査報告書』早稲田大学IT戦略研究所
- 中田善文、宮崎悟（2011）「日本の技術者」日本労働研究雑誌 No.606／Jan
- 中谷巌（2000）「eエコノミーの衝撃」東洋経済新報社
- 夏目啓二（2006）「グローバリゼイションとオフショア・アウトソーシング」『社会科学研究年報』37, 1-16
- 日本情報システム・ユーザー協会（2006）『企業IT動向調査2006』
- 根来龍之（2004）「競争優位のアウトソーシング──〈資源-活動-差別化〉モデルに基づく考察──」早稲田大学IT戦略研究所『ワーキングペーパーシリーズ』No.7
- 花岡菖（1994）「リ・エンジニアリングとアウトソーシング」『オフィス・オートメーション』Vol.15, No3 & 4
- 花岡菖（1996）「情報システムのアウトソーシングに関する日米比較」『関東学院大学経済経営研究所年報』18, 80-94
- 花岡菖（1999）「情報化投資のアウトソーシング利用による改善」『オフィス・オートメーション』Vol.19, No3
- 浜屋敏（2005）「競争優位のアウトソーシング──情報システム──」富士通総研経済研究所『研究レポート』No.221
- 治田倫男（2004）「ITビジネスのアウトソーサーにおける組織変革の適用事例」『プロジェクトマネジメント学会誌』6（5）33-38
- 藤重雅継（2008）「IT業務のアウトソーシングの監査」『月刊監査研究』Vol.34, No.14
- 二神枝保（2001）「人的資源管理のアウトソーシング」『組織科学』Vol.35, No.1
- 松野成悟、時永祥三（2004）「別会社方式によるISアウトソーシングの多様化に関する一考察」『日本情報経営学会誌』Vol.28, No.1
- 向日恒喜（2004）「中小企業の情報化と社内および社外人材の活用に関する実証研究」『経営情報学会誌』Vol.13, No.1, June
- 山倉健嗣（2001）「アライアンス論・アウトソーシング論の現在」『組織科学』Vol.35 No.1、
- 若林直樹（2000）「日本企業間のアウトソーシングにおいて組織間信頼の果たす役割」（平成11年度～平成12年度科学研究費補助金奨励研究（A）研究成果報告）

◎4章　技術アウトソーシングの活用状況と課題
- 木村達也（2004）「競争優位のアウトソーシング──ロジスティクス──」富士通総研経済研究所『研究レポート』　No.213
- 浜屋敏（2005）「競争優位のアウトソーシング──情報システム──」富士通総研経済研究所『研究レポート』No.221
- 田村健二（2005）「ITアウトソーシングの形態別特徴：長所と短所」早稲田大学IT戦略研究所『ワーキングペーパーシリーズ』2005年8月

◎5章　自動車産業での技術アウトソーシングの活用状況

◎6章　技術アウトソーシングの構造分析とその特徴・役割
- 富士重工業株式会社社史編纂委員会編纂（2004.7）『富士重工50年史：1953-2003』
- 三菱自動車工業株式会社総務部社史編纂室編纂（1993.5）『三菱自動車工業株式会社社史』
- 三菱電機エンジニアリング社史編集委員会編（1992.2）『三菱電機エンジニアリング30年史』
- 香月伸一（2013.4）「自動車の電子化の動向について」『JARI Research Journal』2013年4月
- 下谷政弘（2006.6）『持株会社の時代』有斐閣

- 吉田信美（2008）「年代別・日本自動車輸出環境と今後の戦略課題」『JAMAGAZINE』日本自動車工業会 2008年2月号

◎7章 設計プロセスと設計知識
- Polanyi,M.（1966）The Tacit Dimension, University of Chicago Press 佐藤敬三訳『暗黙知の次元』紀伊国屋書店、1980年
- 赤木新介（1991.1）『設計工学』コロナ社
- 中島昌也（1995.1）「製造業における設計知の伝承と人工物工学」精密工学会誌 Vol.61, No.4
- 中島昌也（1997.6）「設計集団の体質改善と知識資産の再構築」『機械設計』41（9）
- 野中郁次郎（1996.3）『知識創造企業』東洋経済新聞社
- 延岡健太郎（2006.9）『MOT[技術経営]入門』日本経済新聞出版社
- 富山哲男、吉川弘之（2002.2）『岩波講座 現代工学の基礎〈15〉設計の理論《設計系Ⅱ》』岩波書店
- 吉川弘之（1993.12）『テクノグローブ』工業調査会

◎8章 設計の3次元化とそのインパクト
- 浅沼萬里（1990.1）「日本におけるメーカーとサプライヤーとの関係」『経済論叢』第145巻 第1・2号
- 新木廣海（2005.12）『日本コトづくり経営』日経BP出版センター
- 上野泰生、藤本隆宏、朴英元（2007.11）「人工物の複雑化とメカ設計・エレキ設計――自動車産業と電機産業のCAD利用を中心に――」東京大学 MMRC ディスカッションペーパー No.179
- 竹内陽子ほか（2009.3）「設計三次元化が製品開発プロセスと成果に及ぼす影響に関する日本・中国・韓国の比較調査」横浜国立大学 技術マネジメント研究学会『技術マネジメント研究』Vol.8
- 竹内陽子（2000）『プロダクト・リアライゼーション戦略』白桃書房
- 延岡健太郎（2006.9）『MOT[技術経営]入門』日本経済新聞出版社
- 藤田喜久雄ほか（2006.5）「製品開発における手法やツールの活用状況の調査と分析」日本機械学会論文集（C編）Vol.72, No.713
- 藤本隆宏（2006.3）「自動車の設計思想と製品開発能力」東京大学 MMRC ディスカッションペーパー No.74
- 朴英元、藤本隆宏、吉川良三（2007.3）「製品アーキテクチャとCAD利用の組織能力」東京大学 MMRC ディスカッションペーパー No.161
- 朴英元、藤本隆宏、阿部武志（2008.6）「エレクトロニクス製品の製品アーキテクチャとCAD利用」東京大学 MMRC ディスカッションペーパー No.223
- 山本隆司（2007.12）「標準化教育プログラム 個別技術分野編 機械分野」経済産業省委託事業
- 「平成17年度基準認証研究開発事業（標準化に関する研修・教育プログラムの開発）」

◎9章 技術アウトソーシングの役割と課題
- 中島昌也（1995.1）「製造業における設計知の伝承と人工物工学」精密工学会誌 Vol.61, No.4
- 渡邊政嘉（2011）「ものづくり企業が海外で勝ち抜くために大切な技術を流出から守る」『研究開発リーダー』Vol.7, No.10, 2011

◎終章 技術アウトソーシング活用による競争力の強化技術
- 鶴光太郎（2015.9.15）「技術革新は職を奪うか」日本経済新聞「経済教室」エコノミクストレンド

省略表示した英語の一覧表

省略語	原文	意味
BPR	BUSINESS PROSESS REENGINEERING	業務プロセス再設計
BRICs	BRAZIL, RUSSIA, INDIA & CHINA	ブラジル、ロシア、インド、中国の4カ国
CAD	COMPUTER AIDED DESIGN	コンピュータ支援設計
CAE	COMPUTER AIDED ENGINEERING	コンピュータ支援解析
CAM	COMPUTER AIDED MANUFACTURING	コンピュータ支援製造
CCD	CHARGE-COUPLED DEVICE	電荷結合素子
DMU	DIGITAL MOCK UP	仮想的三次元モデル
EMC	ELECTRO MAGNETIC COMPATIBILITY	電磁環境両立性
EMI	ELECTRO MAGNETIC INTERFERENCE	電磁妨害波
ERP	ENTERPRISE RESOURCES PLANNING	統合基幹業務システム
GPS	GLOBAL POSITIONING SYSTEM	全地球測位システム
IS	INFORMATION SYSTEM	情報システム
ISO	INTERNATIONAL ORGANIZATION for STANDARD	国際標準化機構
JIS	JAPANESE INDUSTRIAL STANDARD	日本工業規格
MRP	MATERIAL REQUIREMENT PLANNING	生産管理手法
NC	NUMERIRICAL CONTROL	数値制御
OFF JT	OFF JOB TRAINING	職場外教育
OJT	ON THE JOB TRAINING	職場内実践教育
QCD	QUALITY, COST & DELIVERY	品質、コストそして納期
QC	QUALITY CONTROL	品質管理
RP	RAPID PROTOTYOING	敏速試作製作手法
TQC	TOTAL QUALITY CONTROL	全社的品質管理
TQM	TOTAL QUALITY MANAGEMENT	総合的品質管理

あとがき

　本書に一貫するテーマは、日本の「ものづくりの強み」をいかにして次世代へ継承していくかの考察と提言である。変化の激しい時代においてこそ、それが強く求められるからである。

　本書の執筆にあたって、多くの技術系アウトソーシング企業の方々とお会いし、お話を伺う貴重な機会を持つことができた。企業トップ、中堅実務管理者そして現場技術者など、様々な立場の方とお会いした。筆者は、面会した方々全員から、共通して深い感銘を受けた。「自動車を設計したい」「自動車の電子システムを設計したい」「飛行機を設計したい」など、「ものづくり」への熱き思いが直に伝わってきたからである。

　インタビューでの、その代表的な発言は次のようなものである。

1. 「ものづくり」（自動車、飛行機、電子機器などの特定製品）の設計を志し、企業を選択した。
2. 技術系アウトソーシング企業では、希望する「もの」の設計を直接かつ継続的に担当できる。
3. 継続的な設計担当が技術の向上となり、メーカーからの長期間の業務委託につながり、自分の誇りとなっている。

　このように日本では、メーカーの技術者以外にも、多くの技術アウトソーシング企業の技術者が、「ものづくり」に対しての熱い強い思いを持って関わっている。これが日本の「ものづくりの強さ」の源泉の1つではなかろうか。そしてこの「ものづくりの強さ」を日本産業界が今後さらに向上させていくように、情報発信していくことが、研究者の責務と考える。

　私事ながら、本書執筆に至る設計者人生を中心にした40年にわたる企業体験、そして現役引退後の第二の人生（社会人大学院での研究）について、少し

振り返ってみたい。

　筆者の大学における専攻は、工学系の制御工学であり、経営学とは無縁であった。大学卒業後、一貫して自動車部品の設計・開発業務を中心にデジタル化・システム化など急速に進展する技術革新に真正面から取り組み、世界の自動車メーカーとビジネスを展開してきた。「品質第一」を基本として設計に取り組み、自動車メーカーの信頼を勝ち得てきた。

　その後、縁あって技術アウトソーシング企業に移り、経営に関わってきた。時代は、ものづくり力の高さを背景に、自動車をはじめ好調な輸出産業や、外資による活発な設備投資が行われた。労働力不足が叫ばれ、景気拡張期が続いた。技術アウトソーシング業界も、顧客からの請負業務量の増大対応に悪戦苦闘しながら、人員拡大に努める毎日であった。

　それが、2008年のリーマン・ショックによる世界同時不況により一変する。人員削減の波は、経費の大幅削減を目的として、製品設計・開発の現場にも大きな影響を与えた。顧客からの発注業務量は大幅に減少し、人員余剰対応に苦悩する経営へと舵を切らざるをえなかった。その1年後に、筆者は会社の定める年齢に達し、経営の現場から身を退いた。

　そして、この一連の経験が、筆者を、顧客の競争力に貢献する技術アウトソーシングの役割そして課題とは何かを、基本に立ち帰って理論的に深く考える必要性に思い至らせ、名古屋学院大学大学院経済経営研究科の門を叩かせた。そこで紡ぎ出したのが、本書である。そのベースとなった博士論文は、筆者の40数年の設計実務経験をもとに現場を調査・研究し、現場での現実を理論的に体系化しまとめあげたものである。

　「社会人研究者は2つの目を持っている」と筆者は考えている。社会人経験者としての実務者の目と、理論・知識・情報・考察方法などを学んだ研究者としての第三者の目である。この2つの目で社会現象を捉え、その現象をつぶさに調査し、そこに存在する過去・現在・将来に通じる普遍性を明らかにすること、また、明らかにできることが社会人研究者の特長であり、使命である。社会現象を選択し注目する視点、またその普遍性追求の論理性は現場人から評価され、また現場人を勇気づけ、新たな挑戦へと結びつける契機となりえる。

　大きく・急激に変化していく技術などの現在の経済環境に対応していくこと

を目標に、企業が自らをその環境に合わせて変えていくには、まず自社に対する「もの」の見方を変える必要がある。それは、自社をみる目が変われば、社員の目に映る世界や、頭に浮かぶ選択肢も変わっていくからである。

このような考え方に基づき、筆者は自動車における技術変化の動向をシステム化・ソフト化と捉えている。とくにソフト設計量の爆発的増加に注目し、経営学・設計工学の視点から、その流れと変化を追求していくことを今後の研究課題としている。なかでも9章で述べたように、日本の製造業が設計・製造技術を競争力の源泉とし得た仕組みは、技術者間の年代や部門間を跨いだスキンシップ・ネットワークにほかならなかった。

しかし、ソフトウェアは新しい技術であり、過去の仕組みが通用しない。また技術的にバラツキの無い世界であり、日本の産業が「ものづくりの強み」として長年にわたって築き上げてきた統計的品質工学の知識・経験が適用できないのである。さらに、この新しい技術の急激な増加に対して日本の多くの企業は、人件費の違いに注目して、日本とは言語も風習も異なる東南アジアへの設計発注を急速に増加させている。この変化に注目し、現場の実務者に貢献できる研究に今後も取り組んでいく覚悟である。

なお本書には、著者が実際に調査・分析のために用いた関係資料を掲載している。4章の企業への「アンケート調査の質問項目と集計結果」や5章の「自動車産業における主な技術アウトソーシング企業一覧」、巻末の付属資料などである。厳しい出版環境ゆえ総頁数をいかに抑えるかが問われるなかではあるが、アウトソーシングにかかわりを持つ企業の皆さまや、他の研究者の方々に少しでも参考になればとの思いから、あえて掲載した次第である。

本書の出版を進めるにあたり、多くの方々の協力を得た。指導教官である名古屋学院大学大学院十名（とな）直喜教授からは、常に的確かつ暖かい指導をいただいた。指導いただいた内容は、研究の基本的骨組みから、文章構成まで多岐に及ぶものであった。とくに、研究において用いる基本用語の定義に関しては、徹底的な御指導をいただいた。技術者として、「ものづくり」の道を歩んできた筆者にとって、当初強い違和感を覚えた。しかし、その基本的な思考方法が、比較的短期間での博士論文の仕上がりにつながったと断言できる。心から感謝を申し上げたい。

また、名古屋学院大学大学院博士前期課程で御指導いただいた大石邦弘教授をはじめ、各教授の方々から受けた講義は、筆者にとって非常に刺激的であり、研究への意欲を高揚させるものであった。とりわけ、隔週開かれる十名ゼミは、毎回全ゼミ生が自身の研究テーマについてレポートを発表し、各位が意見を交換し議論するという密度の高い内容であった。毎回事前の十全な準備が欠かせなかった。こうした真摯な議論を通して、研究への助言をいただいた十名ゼミの諸先輩そして仲間にも、感謝を申し上げたい。

　さらに、設計現場の実情把握を目的とした筆者の突然のインタビュー調査依頼に、多くの企業の方々が快く応じてくださり、また、率直な意見を数多く聞かせていただいた。皆さまの協力がなければ本研究は成立しなかったであろう。深く感謝を申し上げる。

　また、昨今の厳しい出版環境にもかかわらず本書の刊行を引き受けていただき、また多くの貴重な助言をいただいた水曜社の仙道社長をはじめスタッフの皆さまに感謝を申し上げる。

　最後に、妻の美榮に心から感謝したい。刈谷の遠方から名古屋の栄まで、それも夕方からという変則的な生活スタイルに対して、体調管理を含めて、彼女の全面的なサポートがなければ5年間の大学院通学はなしえなかった。物心両面にわたる彼女の支援のおかげである。

太田信義 識

索引

CADオペレーター ……………………… 153
CAE (Computer Aided Engineering)
　………………………………… 20,123,146
CAE専門技術者 ………………………… 153
CAEモデラー …………………………… 153
CAE解析 ………………………………… 34
CAM (Computer Aided Manufacturing)
　……………………………………………… 146
DMU (Digital Mock Up) ……………… 147
EMC (Electric Magnetic Compatiblity)
　……………………………………………… 146
EMI (Electro Magnetic Interference) … 146
IS (Information System) ……………… 18
OFF JT …………………………………… 136
OJT (On the Job Training) …………… 136
TNGA (トヨタ・ニュー・グローバル・アーキテクチャ)
　……………………………………………… 16

アウトソーシング ………………… 37,39,40
暗黙知 ……118,123,124,126,131,132,136,
　138,139,140,164,167,169,171,178,
暗黙知の活用度合 ……………………… 127
暗黙知の見える化 ………………………… 17
1次部品メーカー ………………………… 29
インテグラル型 (擦り合わせ型) ………… 33
請負の方式 ……………………………… 46
欧米発CAD ……………………………… 158
オフショアリング ………………………… 58
外注方式 ………………………………… 55
学習視点 ………………………………… 53
仮説創設活動 …………………………… 124
貨物輸送 ………………………………… 25
機械技術 ………………………………… 43
企画・構想設計 ………………………… 48
期間 ……………………………………… 46
技術 ……………………………………… 43
技術アウトソーシング企業 ……………… 34

技術業務 (設計・開発) 支援 …………… 88
技術業務の流れ ………………………… 48
技術新規度・変更度 ……………… 92,129
技術のオープン化 …………………… 16,33
技術の多層化 ………………………… 16,33
技術のドキュメント化 ………………… 134
技術の「見える」化 …………………… 171
技術領域でのアウトソーシングの定義 … 46
気づき ……………………………… 20,163
基本設計 ………………………………… 48
機密保持体制 …………………………… 67
業務委託理由 …………………………… 93
業務情報提供 ………………………… 71,73
業務のフロント・ローディング ………… 149
空洞化 ………………………………… 56,59
組込みソフト …………………………… 34
グループ内 ……………………………… 34
グループ内技術アウトソーシング企業 … 81
車のネットワーク化 ………………… 16,33
形式知 …………………………………… 123
形成論的アプローチ ……………………… 52
研究開発費 ……………………………… 27
検証活動 ……………………………… 124
コア・コンピタンス領域 ……………… 42,49
購入重視点 ……………………………… 14
コーディング …………………………… 113
個人展開 ………………………………… 49
コンサルティング業務 …………………… 41
材料メーカー …………………………… 29
3次元CAD …………………………… 34,142
3次元CAD教育 ………………………… 34
3次元CADによるフロント・ローディング効果
　……………………………………………… 154
シェアード・サービス …………………… 56
資源依存視点 …………………………… 53
資源ベース視点 ………………………… 53
試作評価 ………………………………… 48
システムライフサイクル ……………… 46,48

事前の期待	72
事前の不安	72
実際の効果	72
実際の問題点	72
自動運転車	33
自動車関連産業就業人口	27
自動ブレーキ車	32
自前主義	13
需要変動への対応	107
小・中改良設計	132
詳細設計	48
承認図方法	144
情報技術	43
人材派遣	41
スキンシップ・ネットワーク	169
図面作成	48
図面とは何か	143
擦り合わせ技術	16
生産設計	48
責任分担	47
設計プロセス	120
設計モデル	123
設計力	123
設備投資額	27
創成	122
総部品点数	28
組織的応用設計	49
組織的基礎設計	49
ソフトウェア設計関連の子会社	112
ソリッドモデル	145
代行業務	41
電子技術	43
独立資本技術アウトソーシング企業	85
取引コスト視点	52
2次・3次部品メーカー	29
日本型フロンティア	161,162
花田モデル	41
ヒエラルキー構造	103
ヒエラルキーな産業構造	29
ひらめき	20,159,163
品質第一	15
部分委託	35,88,103
プログラミング	113
プロセス論的アプローチ	52
別会社方式	55
編集設計	132
待ち・受け身の業務姿勢	172
まとめ委託	20,35,83,89,92,103
守るべき技術	171
モジュール型（組合わせ型）	33
輸送機関別国内輸送量	25
輸送システム革新	26
四輪車生産台数	24
四輪車の保有台数	24
旅客輸送	25

◎著者紹介

太田 信義（おおた のぶよし）
1946年生まれ。1969年 東京工業大学工学部卒業、（株）デンソー入社（メータ技術部部長、ボディ機器事業部部長などを歴任）。2002年 デンソーテクノ（株）社長（〜2009.6）。2012年 名古屋学院大学大学院博士前期課程修了。2015年 名古屋学院大学大学院博士後期課程修了、博士（経営学）。

自動車産業の技術アウトソーシング戦略
現場視点によるアプローチ

発行日	2016年11月1日　初版第一刷発行
著者	太田 信義
発行人	仙道 弘生
発行所	株式会社 水曜社
	160-0022
	東京都新宿区新宿1-14-12
	TEL 03-3351-8768　FAX 03-5362-7279
	URL suiyosha.hondana.jp/
装幀	井川祥子（iga3 office）
印刷	日本ハイコム 株式会社

©OTA Nobuyoshi 2016, Printed in Japan
ISBN978-4-88065-393-8　C0058

本書の無断複製（コピー）は、著作権法上の例外を除き、著作権侵害となります。
定価はカバーに表示してあります。落丁・乱丁本はお取り替えいたします。